Scratch
少儿趣味编程2

第2版

著● [日] 阿部和广 仓本大资

审校● [日] 阿部和广

译● 陶旭 项远方

人民邮电出版社

北　京

图书在版编目（CIP）数据

Scratch少儿趣味编程 . 2 /（日）阿部和广，（日）
仓本大资著；陶旭，项远方译 . -- 2版 . -- 北京：人
民邮电出版社，2020.8
（Coding Kids）
ISBN 978-7-115-54495-7

Ⅰ. ①S⋯ Ⅱ . ①阿⋯ ②仓⋯ ③陶⋯ ④项⋯ Ⅲ . ①
程序设计－少儿读物 Ⅳ . ①TP311.1-49

中国版本图书馆CIP数据核字 (2020) 第128997号

内 容 提 要

　　Scratch 是麻省理工学院设计开发的一款编程工具，为少儿学习编程方法、交流编程经验、分享编程作品提供了便利。本书是"Scratch 少儿趣味编程"系列的第二本，采用升级版本 Scratch 3.0 教大家如何用 Scratch 设计程序，内容贯彻 STEAM 教育理念，综合了科学、音乐等科目，旨在引导读者通过实践来探索、发现并理解现实中的知识，在激发创造力的同时提升思考能力和与他人的协作能力。

　　本书图文并茂，寓教于乐，适合中小学生等初学者自学或在家长的帮助下学习。

◆ 著　　　　[日]阿部和广　仓本大资

　 审校　　　[日]阿部和广

　 译　　　　陶　旭　项远方

　 插画　　　石田裕子

　 责任编辑　高宇涵

　 责任印制　周昇亮

◆ 人民邮电出版社出版发行　　北京市丰台区成寿寺路11号

　 邮编　100164　电子邮件　315@ptpress.com.cn

　 网址　https://www.ptpress.com.cn

　 雅迪云印（天津）科技有限公司印刷

◆ 开本：787×1092　1/16

　 印张：10.25

　 字数：120千字　　　　　　　2020年8月第2版

　 印数：19 501 – 23 500册　　2020年8月天津第1次印刷

　 著作权合同登记号　图字：01-2019-7711号

定价：59.00元

读者服务热线 : (010)51095183转600　　印装质量热线 : (010)81055316

反盗版热线 : (010)81055315

广告经营许可证 : 京东市监广登字20170147号

学习源自模仿。

程序的学习也是如此。

本书中我们将要学习 Scratch。

它用一看就懂的图形文字积木来编写程序，

所以非常易学易模仿。

模仿本书的程序，

很快就可以理解程序的基本原理了。

那么，就让我们开始编程吧，

我们一定可以与计算机成为好朋友的!

菅谷充

（漫画家，作品有《电子神童》《计算机你好》①）

---

① 漫画《电子神童》以游戏为题材，其选题具有划时代的意义，影响深远。《计算机你好》属于学习型漫画，采用漫画形式帮助儿童了解当时的计算机的历史和原理，还讲解了BASIC语言的编程方法等。——译者注

目 录 Cont

数学×实践

多边形与星形

50

综合×实践

用拍摄的照片制作动画

32

科学×实践

小猫跳跳

112

音乐×实践

自动演奏装置

128

Scratch是一款免费软件，
由美国麻省理工学院媒体实验室的终身幼儿园小组开发。
它也是一种编程语言和在线社区，
您可以在其中创作属于自己的交互式故事、游戏和动画，并且可以与世界各地的人分享您的创作。
在设计和编程的过程中，使用者将学会创造性地思考、系统地推论，以及和他人协同工作。

e n t s

综合×实践

车窗 模拟器

68

数学×实践

重复 纹样

90

小知识！

※ 下面这些是补充内容。这里写的都是最好能提前知道的知识，不过如果正文中没有说让大家先读一下，那大家以后再读也没关系。

编程教育的新探讨

● 是与Scratch 相关的内容。

编程与表达

什么是表达呢?

表达就是把意思传达出来。

要表达出来的东西通常是隐藏在人们内心之中的,

而心中的想法无法用眼睛看到,

所以要把这些想法表达出来。

我们知道很多把想法表达出来的方法,

比如唱歌、跳舞、画画、做手工、写文章和演奏乐器等。

那么计算机呢? 也可以用它来表达吗?

计算机可以用来画画、写文章,

还可以演奏音乐呢!

所以说,我们也可以把计算机称作一种表达方式。

例如使用绘图软件可以在转瞬之间画出非常精确的图形来,

还可以随心所欲地改变颜色,而且画出来的图形能无限复制。

也就是说,实际上计算机帮我们扩展了表达能力。

但也有需要注意的事情。

那就是应用软件无法完成超出其本身能力范围的工作。

例如常见的绘图软件虽然具备画圆的功能,

但没有画出漩涡图形的功能,

也没有能实现这种功能的菜单和按钮。

这时候,大家会怎么解决呢?

放弃吗?

如果你无论如何都想画出来漩涡图形呢?

应用软件是靠程序来运行的。

除了部分例外的情况，通常这些程序是不公开的，更不能自行更改程序。

如果对这种状况习以为常，可能慢慢地自己真正想要做的事情就遗忘了。

但实际上还有别的解决方法。

那就是自己编程序来制作应用软件。

比如之前提到的绘制漩涡图形，

如果用 Scratch 来实现，程序就是这样的 ※。

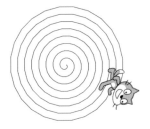

※ 是扩展功能 "画笔" 中的积木。详细介绍请见第 51 页。

执行这个程序就会得到这样的效果。

怎么样，这下明白使用应用软件和制作应用软件的区别了吧?

实际上，计算机本身的能量是被做好的应用软件限制住了，

而编程可以让这些能量释放出来。

而且，不仅是程序执行结果，制作程序的过程也可以称为一种表达方式。

所以，编程也是表达大家心中创意的方式。

本书会讲解如何通过编程来表达各种各样的想法。

我期待大家可以充分利用这些表达方式创造出更多更新的表达方式。

阿部和广

2019 年 7 月 8 日

欢迎来到编程的世界

大家好。如果你是第一次看我们这个系列的书，那么很高兴你翻开了这本书；如果你已经读过了《Scratch 少儿趣味编程》[1]，那么很高兴能与大家重逢。这本书与《Scratch 少儿趣味编程》一样，都是借助 Scratch 帮大家把自己的想法表达出来。听起来这貌似有一点难度。

Scratch 是一款计算机软件。我们都知道，通过运行软件，计算机可以做很多事情。比如可以玩游戏、编辑文章或是进行表格计算等，但这些只是其中的一部分。如果使用 Scratch 来自己编程，大家就可以自由地创造，或者把自己的想法表达出来了。

但是，我们创造些什么，又表达些什么呢？

Scratch 是一款可以制作软件的软件。一般的软件，比如画图软件等只能按照已经规定好的方法来使用，但如果使用 Scratch，则可以自己创造出很多新的用法来。而这个过程又与在纸上画画或是用黏土做雕塑不同，因为 Scratch 做出来的作品我们可以自由操纵，还可以让它根据用户的操作做出反应来。这就是编程的神奇力量。

但是，如果没有创意，就什么都做不出来。大家身边的各种见闻、自然现象等正是激发创意的好帮手，说不定你就能从中联想出很有意思的创意。你也可以回想生活中的点点滴滴，或者仔细观察内心，看看自己在想些什么，也许就会发现自己的心中正有想要表达出来的创意呢！

---

[1] 阿部和广著，陶旭译，人民邮电出版社，2014 年 11 月。——译者注

编程难吗

在 Scratch 中，"角色"是通过名为"代码"*的程序来操纵的。我们来看一个让角色边动边发出声音的代码吧。点击绿旗图标  或代码本身，就可以看到角色随着鼓声动起来了。

※ 在Scratch 1.4和Scratch 2.0版本中叫作"脚本"。

代码

角色

Scratch 就是像上面这样把这些有颜色的"积木"排列起来制作代码的。如果仔细看这些积木上写的字，就可以知道程序向角色发出了什么样的指令。这些积木和玩具非常像，对吧？

下面就轮到大家动手编程序了。不用太担心，先来熟悉一下一起编程的小伙伴吧！

大家好，我是喵太郎！

之后还会有其他小伙伴呢，我们赶紧开始吧！

Scratch 3.0 的使用方法

实际上，Scratch 有很多种版本。有不需要在计算机上安装的 Scratch 3.0，也有必须进行安装的 Scratch 1.4、Scratch 2.0 离线编辑器和 Scratch 3.0 桌面版（见第 49 页）等。

喵太郎：**我已经会用 Scratch 1.4 了，2.0 也会一点点。**

对哦 ※。不过，即使没有用过 Scratch 1.4 也不用担心。这次我们来学习的是不需要安装，直接就能使用的 Scratch 3.0 的使用方法。下面赶快做好准备吧。首先要确认一下 Scratch 的运行环境。

※Scratch 1.4 的使用方法在喵太郎首次出现的《Scratch 少儿趣味编程》中讲解过。

在浏览器上使用 Scratch

Scratch 3.0 是只要有浏览器就可以直接在 Web 上启动的 Web 应用程序。使用 Web 应用程序时，需要通过互联网将自己的计算机与互联网上的服务器连接起来，所以一定要连接互联网。

Scratch 的建议运行环境是 Google Chrome 63 及以上版本、Microsoft Edge 15 及以上版本、Mozilla Firefox 57 及以上版本和 Safari 11 及以上版本的浏览器。Scratch 并不支持 Internet Explorer 浏览器。

喵太郎：**这么多，听起来好麻烦啊。**

正常情况下，Scratch 所支持的浏览器会自动更新版本，所以大家不用担心版本问题。

这本书使用 Windows 10 的 Chrome 浏览器进行讲解。如果使用其他浏览器，会发现窗口外观有些不同，不过 Scratch 3.0 的部分都是一样的，所以不用担心。

来注册 Scratch 账号吧

启动 Chrome（或其他浏览器），通过搜索引擎搜索"Scratch 官网"找到 Scratch 的官方入口，进入网站。

没错，已经注册过 Scratch 账号的人可能对这个页面还有印象。如果你已经注册过 Scratch 账号，可以跳过下面的说明，直接看第 14 页的用户登录方法。

初次注册

在 Scratch 3.0 里面，为了保存做好的作品，需要进行注册。所以，最好在编程开始前先注册为用户，创建一个账号。

还没有注册为用户的读者，可以按照说明来注册。我们还需要刚才打开的 Scratch 官方网页。

喵太郎：嗯，以前好像注册过啊，不过完全忘了呢。我再看看吧。把方法记下来，还可以去告诉小伙伴。

在陌生的网页上注册是很危险的，不过 Scratch 的官网是安全的。注册需要用到电子邮件，所以一定要和爸爸妈妈一起注册※。请先点击页面右上角的"加入 Scratch 社区"。

※ 写给爸爸妈妈们：Scratch 具有社交网络服务的功能，请在官网上找到"社区指南"，将里面的Scratch社区行为准则念给孩子们听，并做出是否要加入社区的判断。

点击之后，会打开一个用于注册 Scratch 账号的窗口。

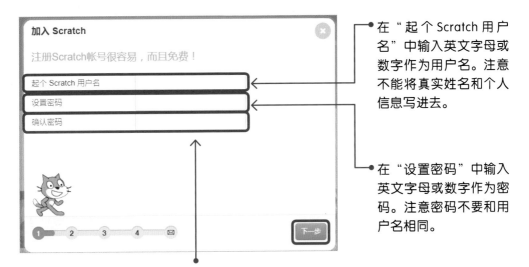

在"起个 Scratch 用户名"中输入英文字母或数字作为用户名。注意不能将真实姓名和个人信息写进去。

在"设置密码"中输入英文字母或数字作为密码。注意密码不要和用户名相同。

在"确认密码"中再输入一次密码。不要把这个密码忘掉。

输入完成之后，点击"下一步"按钮，进入下一个页面。

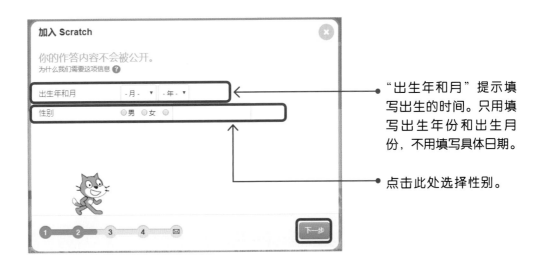

"出生年和月"提示填写出生的时间。只用填写出生年份和出生月份，不用填写具体日期。

点击此处选择性别。

然后点击"下一步"，输入爸爸或妈妈的电子邮件地址。输入之后，要和爸爸妈妈一起确认一下是否正确。因为如果注册成功的话，会收到一封确认邮件，到时还要请爸爸妈妈帮忙看一下。

然后，点击"下一步"按钮，进入下一个页面。

到这步用户注册就完成了。点击"好了，让我们开始吧！"按钮。

这样，就会自动登录并打开首页。如果右上角显示了用户名，就说明已经登录成功了。这时，之前输入的电子邮件地址应该已经收到确认邮件了，请爸爸妈妈帮忙认证一下吧。只有认证了，才能使用之后会介绍的"共享"等功能。

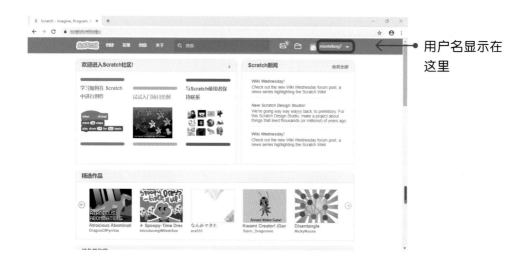

用户名显示在这里

登录 Scratch

如果还没有登录，可以点击页面右上角的"登录"按钮，输入用户名和密码进行登录。

喵太郎：已经登录好了，代码是怎么制作的来着？

在 Scratch 3.0 中，登录后打开的是主页面。接下来点击页面上方菜单中的"创建"，打开创建作品的页面。

"创建"在页面上方菜单的左侧！打开了！

来了解 Scratch 3.0 的页面吧

这是 Scratch 3.0 的编辑页面。你能发现它与 Scratch 2.0 和 Scratch 1.4 的区别吗？

喵太郎：整体上沿袭了 2.0 版本的简洁风格，但积木盘和舞台的位置好像回到了 1.4 版本时的样子。另外，画笔的分类也没有了。改动似乎不少，不知道我还能不能熟练使用。

　　没错，小的改动有很多，但大体上是没有变的。稍后我们会从头说明，所以不会有问题的！实际创建作品的时候大家一起来边做边学吧。

让小猫原地转圈

下面我们要通过让小猫转圈的简单代码来学习 Scratch 的使用方法。

刚才打开的页面就是一个代码制作页面（编辑器）。编辑器上最初会显示一个小猫的卡通形象。这种卡通形象在 Scratch 里面就叫作"角色"。

显示角色的地方是一个白色的长方形，这个长方形就叫作"舞台"。这个舞台和学校礼堂或体育馆里的舞台是差不多的感觉。

角色就是舞台上的演员啊。

舞台下面排列着各种角色，这就是角色列表；中间夹着的是代码区；代码区的左侧排列着各种指令积木，这里就是积木盘；最左侧是按照类别对积木进行划分后得到的分类。

喵太郎：角色列表里现在只有一只小猫啊。

使用积木对角色下指令

在 Scratch 里，我们是用积木对角色下指令的。大家也赶快来试一下吧。看到写着 右转 C 15 度 的积木了吗？因为积木有很多，所以都是按照颜色分类的。

喵太郎：关于"旋转"的积木都在 运动 分类里面，对吧？

不愧是喵太郎，说对了！如果"运动"这个分类还没有被选中，那么可以点击图标 运动 来选中它。

如果在积木盘里找不到 右转 C 15 度，可能是因为选中了舞台。这时，可以试试点击角色列表里面的小猫来切换。

喵太郎：如果切换了分类或者选中了舞台，积木盘里显示的积木就变了呢。

对的。这些积木都可以通过点击来运行，也就是向角色发送指令。试着点击一下 右转 C 15 度 中除了 15 以外的地方吧。

点击积木的时候要注意看舞台上小猫的变化。在发送指令的瞬间，小猫会向右转 15 度。现在我们试着多次点击积木，让小猫旋转一圈吧。

试着多点击几次，让小猫旋转一圈吧

嘎吱嘎吱嘎吱嘎吱······

呼——转了一大圈了呢。

把积木组合在一起制作成代码

让角色转一圈要点击 24 次 `右转 C 15 度` 积木呢。那就太累了。这种情况下，我们可以让计算机反复执行一个指令，这正是计算机的优势。

下面我们把 `右转 C 15 度` 这个积木拖到右边的灰色区域，也就是代码区。代码区其实就是一个用来组合积木，使之成为代码的地方。

把这个积木移动到代码区后，就要用到用于重复执行指令的 积木了。这个积木在 控制 分类里可以找到。下面试着把它拖到 右转 C 15 度 附近的位置上，看看会发生什么。

喵太郎：**离近了之后，积木出现了影子，看起来就像是积木的开口张开了！**

喵太郎：**影子出现了之后，把鼠标的左键松开……合在一起啦！**

没错，在 Scratch 里面，把积木合在一起是很简单的。合在一起前会显示出影子，只要看见影子就可以松开鼠标按键了。

如果做好了就可以试试点击代码，也就是拼好的这组积木。这时，小猫应该会骨碌碌地转起来。因为代码里写的就是"重复执行向右旋转 15 度"。

喵太郎：**一直转来转去的，根本停不下来啊！**

启动和停止代码

原则上讲，从最上面一个积木开始按照顺序执行到最后一个积木后，代码就会停止。

不过，如果使用 [重复执行] 积木，运行顺序就是从代码区最上面一个积木往下执行，执行完最下面的一个积木后再返回到最上面一个。所以，这个代码是不会结束的。

但是一直这么转呀转的，即使是猫也会晕的。我们让它停下来吧。

舞台上方有一个 🚩 按钮和一个 ⬡ 按钮。其中，⬡ 就是让代码停止的按钮（角色在动时会显示 ⬤ ）。

喵太郎：**按下 ⬡ 小猫就会停止转动。那么哪个是开始呢？是 🚩 吗？可为什么点击了也不动呢？**

对。如果想让代码启动，就要把 🚩 加在代码前面。没有 [当🚩被点击] 积木，就不能启动代码。[当🚩被点击] 在 ⬤ 分类的最上面。

喵太郎：**那么现在把它放在刚才的代码上试试吧。**

积木也有不同的形状。观察形状就可以看出它能接在哪里。[当🚩被点击] 的上面是光秃秃的，但是下面有个突起，而 [重复执行] 上面有个小凹槽，看起来它们是可以接在一起的。

20

接在一起后，再来点击一下 ⚑ 试试吧。这次小猫就开始转了。在启动和停止程序的时候经常会用到 ⚑ 和 ⬡，所以一定要记住哦。

试一试除了运动以外的功能吧

除了让小猫骨碌碌地转以外，改变小猫的外观更好玩。点击 ● 分类，来
看看这里的积木吧。

喵太郎：**试试这个** 将大小增加 10 **的积木吧。看起来好有意思啊。**

使用这个积木可以改变角色大小。点击 将大小增加 10 试一下，看看会发生什么吧。

喵太郎：**每点一次小猫就大了一些呢。**

那么把它放在 重复执行 里面试试看吧。放在 右转 ↻ 15 度 的上面和下面都可以，这次先放在下面吧。

拆除积木的方法

喵太郎：啊，不小心把它放在   中间了！怎么把它拆开啊？

　　不用担心！积木可以很容易地连在一起，也可以很容易地拆开！这时要注意的是，移动的时候不能直接拖走中间的积木。因为在移动或拆除积木的时候，连在下面的积木会被一起拖走。

　　先拖动  试试，可以看到下面的积木也跟着一起走了。再来拖动
，这样代码就会被分解成 3 个。

接下来把积木重新组合，制作成正确的样子吧。把刚刚拖出去的  就完成了。

代码制作好之后，就试试点击 🏳 开始运行吧。

喵太郎：哇，大到充满整个舞台了！怎么回到原来的样子呢？

变大变小

大小也是可以用代码控制，自由变化的哟。

在  分类里找一下 将大小设为 100 。修改 100 的数字部分，就可以调节大小了。找到了积木之后，点击 100，把它改成 1。

将大小设为 100   将大小设为 1

下面点击修改好的 将大小设为 1 来试着发送指令吧。

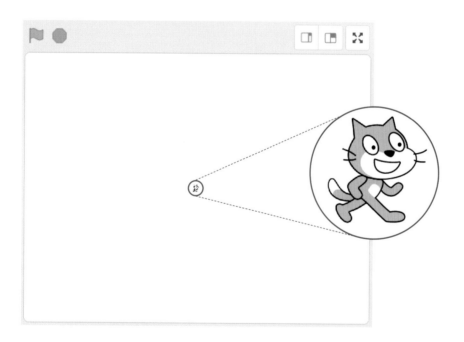

喵太郎：点击之后猫就变小了，但是启动代码之后马上又变大了，就像从屏幕深处飞出来一样，太好玩了！

碰到舞台边缘就变小

好了，先按 ⬢ 停一下吧。现在每次都要点击一下 将大小设为 1，小猫才能变小。其实我们还可以编写一个小猫充满舞台之后会自动变小的程序。

喵太郎：难道小猫能知道自己出了舞台吗？

没错。这里就要使用积木盘中 侦测 分类里的 碰到 鼠标指针 ▼ ？ 了，它能侦测到角色是否碰到了某物。我们可以点击这个积木中的 ▼，选择"边缘"，让积木变成 碰到 舞台边缘 ▼ ？ 这样。

那么这个积木怎么用比较好呢？应该是"如果碰到舞台边缘那么"变小比较好吧？

喵太郎：我知道  积木。它在 控制 分类里。

不错啊，喵太郎。在 控制 分类里有很多带六边形洞的积木。因为这次是如果碰到舞台边缘那么小猫就变小到 1，所以应该使用 如果 那么。这里有很多相似的积木，别用错了啊。

做好之后，把 碰到 舞台边缘 ▼ ？ 拖到六边形的洞里。

喵太郎：好，现在把"如果碰到舞台边缘那么……"的积木做好了。碰到边缘之后要运行的积木就放在开口里面，对吧？

说对了！就是把  加进去。

如果 碰到 舞台边缘 ▼ ？ 那么
　将大小设为 1

喵太郎："如果碰到舞台边缘那么将大小设为1"。这样就可以串成一个句子啦。

做好之后，为了不让它散开，要拖着写有"如果"的部分，把它拖到 重复执行 中的 将大小增加 10 的下面。

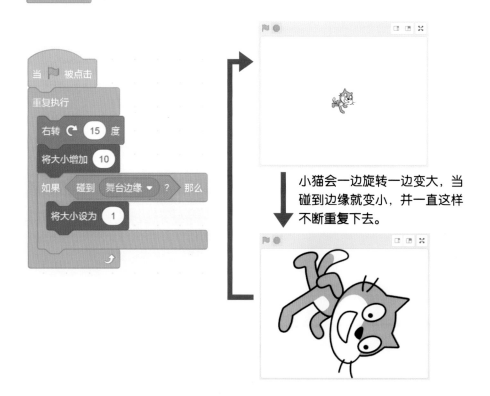

小猫会一边旋转一边变大，当碰到边缘就变小，并一直这样不断重复下去。

点击 🚩 之后，小猫就会一边旋转一边变大，当碰到舞台边缘就变小，并一直这样不断重复下去。

保存作品

前面讲解了 Scratch 3.0 的基本编程方法。

喵太郎：啊，还没讲完吧？作品怎么保存呢？如果不保存，辛辛苦苦做好的作品就没了吧？

实际上，Scratch 3.0 有自动保存功能。页面右上角如果显示灰色的"已保存"字样，那就是已经保存好了。如果显示的是"立即保存"，我们可以点击这几个字手动保存。

喵太郎：超级方便啊！之前有一次忘了保存，我都急哭了呢。

但要注意的是，我们必须已经登录了，才能使用自动保存功能。而且如果没有连接互联网，作品也是保存不了的。

对了，给作品起名字的方法还没告诉大家呢。点击写在舞台上方写着"Untitled-数字"的地方，把内容修改为自己输入的作品名就可以了。可以输入中文。

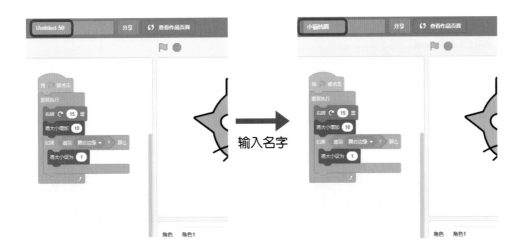

喵太郎：名字就叫"小猫转圈"吧。输入好了。可是，作品会保存到哪里啊？

保存的作品在 Scratch 的官方网站上 ※。

喵太郎：啊？那保存之后不是谁都能看见了吗？

　　不会的，在自己把它共享之前，别人是不会看见的。如果想让别人看见，可以点击作品名右边的"分享"。

※ 点击用户名左边的 🗀 就可以看见自己的作品列表。

　　然后，网页会自动切换到项目页，在这里输入作品说明吧。在"操作说明"中输入操作方法，注意尽量写得简单易懂一些，这样会吸引更多的人来玩这个游戏。在"备注与谢志"中要填上参考资料、使用过的素材，所参考作品的作者也要写上。你对别人表达衷心的感谢，也会赢得别人对你的尊重。

喵太郎：**虽然不擅长写作文，但我会努力写的！**

　　Scratch 网站上还有很多功能，这里就不一一说明了，大家可以自己去找找看。

喵太郎：**这个"创意"里面好像介绍了各种各样的用 Scratch 制作的简单项目呢。**

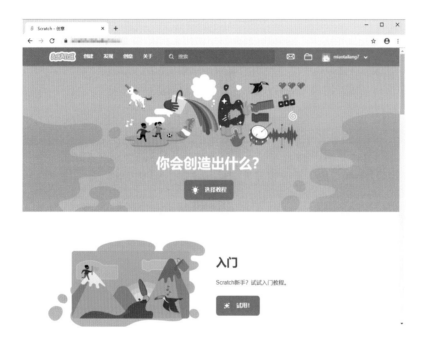

　　是的。Scratch 上有很多非常厉害的作品，但也汇集了不少即使是刚开始玩儿这个软件的人也能轻松看懂的简单作品。上面还配有动画形式的解说，十分易懂，所以如果大家除了本书介绍的项目以外，还想学习别的项目，那么可以先点击一下这个"创意"，进去看一看。

　　好了，喵太郎应该已经学会 Scratch 3.0 的基本用法了吧。下面的章节，我们来学习把动画、设计之类的东西应用到作品中吧。

喵太郎：**这么一说我又想起《Scratch 少儿趣味编程》了呢！**

来做做看吧！

综合×实践

数学×实践

综合×实践

用拍摄的照片制作动画

多边形与星形

车窗模拟器

使用计算机摄像头准备素材。
制作让自己的宝贝当主角的小动画。
拍摄好以后还可以编程控制各种播放方法。

画出用尺子圆规才能画出来的各种图形。
用计算机精确画出通常不容易画出的复杂图形。
会用到画笔功能。

重现车窗外的景观。
一起探寻制作出远近景效果的方法。
会用到变量和运算符的功能。
还会用到很多角色。

32
页

50
页

68
页

大家喜欢画图吗？这本书会把学校的课程与画图结合起来，教大家如何制作有趣的作品。

你不喜欢画图啊？那么积木或是乐高，或是在外面玩泥巴你喜欢吗？玩捉迷藏的时候你喜欢加一些新规则吗？如果是，那么也欢迎你一起来玩。

你可以从下面选择喜欢的部分开始做，但最好先按照前面"Scratch 3.0 的使用方法"和"让小猫原地转圈"的部分准备好。

下面的几个部分如果不知道先选哪一个，也可以先来看看我们为每个部分写的简单介绍，看看你最喜欢哪一个。选择好以后找到那一页，然后就可以马上开始啦！

数学
×
实践

科学
×
实践

音乐
×
实践

重复纹样

小猫跳跳

自动演奏装置

组合使用"重复执行"指令。
尝试创出自己的规则，画出个性纹样。
会用到图章功能。
还会用到很多变量。

重现角色的跳跃动作。
观察并分析物体下落过程，思考重现运动效果的代码。
会用到变量功能。

思考一个能自动演奏的机制。
会用到声音积木。
搞明白方法后，尝试弹奏出各种节奏。

90
页

112
页

128
页

用拍摄的照片制作动画

用照片制作动画的原理

　　用照片制作动画也叫"定格动画"，是制作动画的方法之一。连续拍摄多张照片（静止图像）再播放出来，照片中原本静止的东西看上去就像动起来了一样。

喵太郎：啊，这是不是和那种画在本子边上的画是一个原理啊？就是每页上画
一幅画，每一幅都不太一样，快速翻动本子就能看见动画。

画板哥：没错！这次我们就要用照片和程序制作小动画。

喵太郎：照片？那我现在就去找爸爸借数码相机。

画板哥：等一下！虽然也可以用数码相机，但这次我
们用计算机的摄像头就可以了。

计算机的摄像头

　　Scratch 可以使用计算机的摄像头。我们这里先介绍笔记本式计算机自带
的摄像头的使用方法，这是最简单的。

　　在笔记本式计算机的显示器上方找一找，如果是比较新的机型，一般都会
有摄像头。

计算机的摄像头在哪里？

　　不同计算机的摄像头位置各异，这里我们再来了解一下笔记本式计算机以外的其
他计算机，看看摄像头的位置在哪儿。

★台式计算机：大多数一体式台式计算机的摄像头是在显示器的上方。如果是主
机和显示器分开的计算机，可能很多都不带摄像头。

★平板计算机：在触摸屏周边找找看吧。有些也可能设计在机器的背面。

　　如果计算机本身不带摄像头，那么就使用外接的摄像头吧。如果是支持 UVC※ 的
USB 摄像头，就不需要安装与硬件对应的驱动，可以马上使用，非常方便。如果只是
为了配合 Scratch 使用，不需要很高像素，那么选择比较便宜的摄像头就足够用了。

※ UVC（USB Video Class，USB视频类）是USB摄像头等图像设备的一种连接标准。

喵太郎：摄像头？可是我没有吧？

画板哥：在你的计算机上找一下吧。

喵太郎：我的……啊！屏幕上面有一个黑色的小圆点！

画板哥：对，那就是摄像头。在使用网络进行视频通话等活动时，可以通过它看见对方。

喵太郎：好啦，快点开始拍吧。

　　　　对了，要怎么拍呢？

 ← 摄像头

拍摄准备

先别急呀！拍摄开始前，要先准备一个可以在动画里动的物品和一个拍摄空间。

这个物品呢，无论是石头，还是水果、铅笔、橡皮和小玩具等，什么东西都行。当然，如果是用黏土、铁丝等做成的像玩偶那样可以动、还能改变形状的东西，会更好玩。

如果是在地板或桌子上拍摄，摄像头的拍摄范围大概就是我们现在这本书展开之后那么大。当然，还要留出来放置计算机的空间。如果在桌子上拍摄，需要把桌子收拾一下，留出拍摄空间和放置计算机的空间。

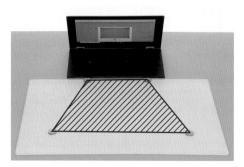 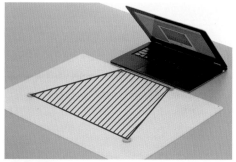

斜线部分为可拍摄范围

拍摄时的注意事项

因为使用 Scratch 制作的作品可以在网上公开，所以要注意以下几件事情。

★ 要遵守家里和学校制定的规矩

玩的时候一定要注意遵守规矩。比如不可以把正脸照片放在网上，不可以拍家里的样子等。这些规矩一定不要随意违背。

★ 要注意保护个人信息

要检查照片里是不是有会让人看出学校名称或班级的信息，以及有没有会让人判断出住址或姓名的事物。例如，一定要避免拍摄到明信片和信、学校校牌、写有名字的文具等物品，因为这些物品上会有个人信息。

★ 要注意回避让人反感的东西

制作一些让大家都喜欢的作品吧。一些残酷的或是无聊的内容，即使自己特别喜欢也要顾及大家的感受，一定要忍住，不要让大家觉得反感。

★ 要注意不能侵犯著作权、肖像权

使用 Scratch 制作的作品一旦共享后就变成了谁都可以使用的素材了，所以要注意在自己的作品中不要使用自己不拥有公开权的内容，例如电视动画中的卡通人物、艺人的照片等。

Scratch 社区行为准则提到了要相互尊重、要富有建设性、分享、不公开个人信息、要有诚信和帮忙维护网站的友好氛围。我们在制作作品的时候一定要遵守这些准则。

喵太郎：稍等一下，我去收拾一下桌子。

几分钟后……

喵太郎：桌子已经收拾干净了。物品就用在海边捡到的贝壳好了！

画板哥：好的，快点开始制作吧！先打开 Scratch，登录之后点击"创建"，打开一个新的项目。

准备摄像头

喵太郎：已经把新的项目打开了。制作动画也用这只猫吗？

　　使用照片制作动画时，是以舞台为背景拍照的。当然也可以用角色来制作，但是动画制作出来会小一些。而用舞台制作时，可以让动画充满整个画面。所以这次我们不用角色，就把小猫去掉吧。

喵太郎：这样啊，那么把小猫去掉吧。选中舞台下方角色列表中的"角色1"，再点击右上角的  就可以了吧?

画板哥：没错，你已经会用了啊！另外，右键点击列表中的这个小猫之后，选菜单栏里的"删除"也可以把它去掉。

喵太郎：先别说那些了，赶紧告诉我这个摄像头怎么按快门吧。

别着急呀！首先要选中舞台，舞台下面靠右侧的地方有个舞台图标，看到了吗？点击这个图标。

就是这里！

喵太郎：就是这个白方块？

画板哥：对，现在舞台上什么也没有，所以是空白的。只要它是被蓝色方框围住的状态就可以了。

外框变蓝了呢。

页面左上角菜单下面的标签也变成了"代码""背景"和"声音"

点击菜单下面的"背景"标签，将鼠标指针移至左下方的蓝色按钮上（注意不是右下角舞台那里的按钮），就会弹出菜单，最上方的就是摄像头的图标。

喵太郎：打开啦！就是这个相机图标吗？点击一下这个图标。啊！弹出一个什么东西！

允许使用摄像头（摄像头权限设置）

　　在 Scratch 3.0 中，需要从浏览器访问计算机的摄像头和麦克风。网站在首次调用摄像头或麦克风时会弹出"scratch.mit.edu 想要使用您的摄像头"这样的提示。通常只有第一次使用的时候会有提示，不用惊慌，这时选择 允许 允许使用就可以了。

　　如果这时不小心按下了 禁止 按钮，那么在这个窗口的地址栏的右边就会出现 图标。点击这个图标，会弹出重新设定的窗口来，在这里选择允许使用就可以了。

　　一旦更改设定，就需要重新加载页面数据，所以要确认一下窗口右上角是否显示"作品已保存"，然后再按下浏览器的刷新按钮。如果还没有保存，会显示"立即保存"，点击这里就可以完成保存了。

※ Chrome 浏览器是分别管理每个链接的，可以从设置菜单的详细设定处进入内容设置，这里有摄像头的设置项目。

※ 关于作品的保存方法，详情请参考本书第27页中的相关内容。

画板哥：冷静，听我解释一下。点击相机图标就会启动摄像头，但第一次启动摄像头时会弹出"……想要使用您的摄像头"窗口。点击里面的 允许 就可以了 ※ 。

※ 请仔细阅读前面介绍的"允许使用摄像头（摄像头权限设置）"中的内容。

喵太郎：按了。哇！这回显示出我的脸了呢。

画板哥：这是摄像头开始工作了。有的型号的计算机摄像头在工作时边上会有一个 LED（发光二极管）灯亮起，这个要确认一下。

喵太郎：真的呢！摄像头边上有一个小的 LED 在发光呢！

● LED 在发光

画板哥：试着拍一张照片吧！点击拍摄窗口中的 📷 按钮，确定拍好的照片没问题以后按下 保存 就行了。

喵太郎：哇！我出现在舞台上了！耶！

39

拍摄设备的调整

画板哥：好，拍摄练习结束！这次的主角就不是喵太郎了哦。

喵太郎：好吧。我已经把贝壳放在桌子上了，该怎么拍呢？

画板哥：点击相机图标后，试试一边看着屏幕上的拍摄窗口，一边调整摄像头的倾斜角度吧。

喵太郎：方向已经调好了，但是角度好难调整啊。是不是屏幕快要关上了的时候更好啊？

画板哥：是的，如果在桌子上拍摄，摄像头要稍微朝下倾斜一些。

喵太郎：这样就拍得不错了。

画板哥：虽然看起来很费劲，但是还是可以点保存按钮的吧？

喵太郎：嗯，操作很麻烦呢。如果不把鼠标放在计算机侧面用，就会拍到自己的手。不过这是难不倒我的……照好了！打开屏幕看看照得怎么样吧？

画板哥：等一下！如果这时立起屏幕，摄像头的角度就会发生变化，所以先忍一忍，暂时保持这个状态吧。

喵太郎：那要怎么做呀？贝壳又不会自己动。

画板哥：你试试用手挪一下吧。

喵太郎：好的。我把它稍微往右移了一下。

往右移动约半个贝壳长度

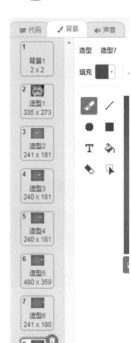

画板哥：那么就按下相机图标，再拍一张吧。

喵太郎：好的。这不就是来回重复这几个动作嘛！

画板哥：对，很简单。移动贝壳，拍照……如此重复，
一直重复到拍不到贝壳为止。

喵太郎：嗯，估计拍个五六次就会超出拍摄范围了。
我试试看……搞定啦！

画板哥：我们看看拍得怎么样吧。现在可以打开屏幕了。

喵太郎：咦？为什么舞台上一直显示最后拍的一张照
片？根本不动啊。

画板哥：那就对啦！下面我们用程序让照片动起来吧。

自动播放动画的代码

喵太郎：这么说，照片就只是一个素材呀。下面要加油啦！

画板哥：刚才拍的照片都按顺序排列在背景列表里了，只要依次切换背景，看起
来就像动起来了一样呢。接下来，我们要使用 外观 分类里的 下一个背景，把
它拖进代码区吧。

喵太郎：原来是这样啊。好简单。

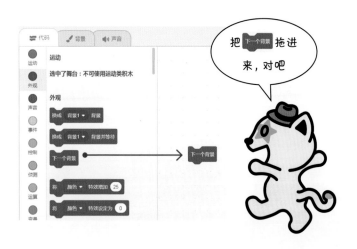

画板哥：下面就可以点击这个积木来运行了。试试一边点击积木一边观察舞台吧。

喵太郎：点击积木的时候，舞台背景会变化。第1次点击时是白色的，第2次是我的照片，第3、4、5次点击的时候，贝壳就动起来了！好棒！

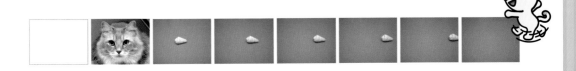

画板哥：是的，这样反复点击按钮就可以了。之前拍的大头照和开始的背景就删掉吧。打开 ✏️背景 。

喵太郎：打开了。第1张白色的背景和第2张大头照不要了，对吧？

画板哥：是的，用鼠标点击第1张背景时，右上角会出现一个 🗑️ ，点击它就可以删除了。※

※ 如果删错了，可以通过"编辑"菜单中的"复原删除的造型"来还原。

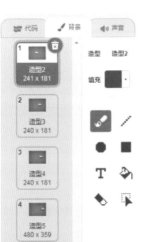

喵太郎：第1张删掉，第2张也删掉……好了！

画板哥：下面，为了实现自动播放，来使用循环积木 重复执行 试试看吧。我们把它设成按下空格键就可以启动程序吧。

喵太郎：设好了，我这就按下空格键试试。啊！速度好快，根本看不清楚啊！

画板哥：是啊！让它稍微慢一点吧。该用哪个积木呢？

喵太郎：用 等待 1 秒 吧。但是那样有点太慢了。改成 等待 0.1 秒 就可以了吧？

画板哥：如果设成"等待 0.1 秒"，就是 1 秒之内切换 10 次画面。实际上，你喜欢的那些动画一般都是 1 秒切换 30 次或者 60 次[※]，电影一般是 1 秒切换 24 次。单位时间内切换次数越多，动画流畅度越高，拍摄难度也就越高。如果 1 秒切换 10 次，还算比较容易。所以，这里的时间要根据实际情况调整。

喵太郎：嗯，那么我就多拍几张，制作个长动画吧。

※ 准确地说，规格包括1秒切换29.97次（NTSC，美国国家电视标准委员会）和59.94次（数字高清）这两种，当然也还有别的规格。

玩转用静态照片制作的小动画

画板哥：怎么样？大作完成了吗？

喵太郎：嗯，拍了 50 多张照片，正在放着呢。标题是"贝壳运动会"，就是让贝壳在屏幕里来回地跑。但是中间有一些错误的照片，播放起来会有些奇怪。

画板哥：那把这些照片删除掉不就可以了吗？

喵太郎：照片都差不多，从 50 多张里找出来太难了。

画板哥：那就稍微改一下代码，让动画可以手动前进或后退吧。既然是自己编程序，那就干脆把它设计得更好用一些啦。

喵太郎：这样的话，那我就改成按右箭头前进，按左箭头后退好了。另外，现在只能用红色按钮停止代码，但是我想让按下 S 键的时候也可以停止。这个该怎么制作呢？

画板哥：喵太郎，你太贪心了吧。不过，反正都是使用键盘上的按键来操作，所

以只要和  搭配使用，更改其中的按键，似乎也是可行的。先从"停止"开始制作吧。

喵太郎：停止很简单啊。 停止 全部脚本 ▼ ※ 和红色按钮的作用是一样的。点击 当按下 空格 ▼ 键 上面的 ▼ ，然后在下拉菜单中把积木改成 当按下 s ▼ 键 ，最后在下面接上 停止 全部脚本 ▼ 就完成了。

当按下 S ▼ 键
停止 全部脚本 ▼

※ 积木中的"脚本"属于软件的翻译问题，
应为"代码"。

画板哥：好了，"当按下 S 键停止全部"这个代码已经制作好了。下面该制作 当按下 → ▼ 键 这个代码，让动画前进了。

喵太郎：用播放代码里出现的 下一个背景 可以吗？然后在前面接上 当按下 → ▼ 键 ，对吗？

画板哥：没错，现在按下右箭头就可以前进了。对了，后退到上一个定格的代码该怎么制作呢？

喵太郎：要是能有"将背景切换为上一个背景"这样的积木就好了，可是现在没有这个积木，后退不可能实现了吧？

画板哥：你好好找一找。看看还有哪些用来更换舞台背景的积木。

喵太郎：只有 换成 造型53 ▼ 背景 ※ 、 换成 造型53 ▼ 背景并等待 、 下一个背景 这 3 个，没有能将背景切换为上一个背景的呀。

※ " 换成 造型53 ▼ 背景 "中的"造型53"那里显示的是最后拍摄的照片的编号，该编号因照片数量而异。

画板哥：真的吗？再看一下 `换成 造型53▼ 背景` 。我们可以按 `▼`，在菜单里选一下要更换的照片呢。

喵太郎：嗯，菜单里有我拍的所有照片，点击 `换成 造型7▼ 背景` 就又变了一个背景，但是还是不能切换到上一个背景啊。

画板哥：拉到菜单最底下就能找到 `换成 上一个背景▼ 背景` 了。

喵太郎：好隐蔽啊！在这里根本找不出来……那么，我们把它放在 `当按下 ←▼ 键` 的下面吧，这样一来就搞定啦，自动播放、停止、前进、后退的功能就都有了！

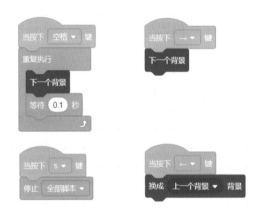

要想切换到上一个背景，还可以用这样的方法

　　我们还可以自己来制作一个喵太郎想要的那种积木。使用 `背景 编号▼` 积木即可知道当前背景的编号。也就是说，`背景 编号▼ - 1` 就是上一个背景的编号。把这个数字放到 `换成 造型7▼ 背景` 里，就是切换到上一个背景的意思。背景编号就是背景列表左上角显示的数字。

`当按下 ←▼ 键`
`换成 背景 编号▼ - 1 背景`

❻
造型7
480 × 360

画板哥：这样就可以很方便地找出有问题的照片了！

喵太郎：找到了！把背景栏打开，删掉它。然后还要把这个这样改一下。啊，那张也要改一下！

画板哥：玩得挺过瘾吧？还有可以看大家用 Scratch 制作的动画的网页呢。喵太郎，赶紧把你制作的作品也拿去投稿吧[※]！

喵太郎：好的！我要让全世界的人都来看我制作的宝贝动画！

※ 详情请参考如下专栏中的内容。

定格动画工作室

　　将各种 Scratch 作品分类汇集起来的网页叫作工作室（Studio）。定格动画在英语中称为 Stop Motion Animation，所以可以用 Stop motion 等关键字在 Scratch 网站上搜索一下，应该能找到定格动画工作室。有些工作室允许个人直接添加作品，有些工作室需要给工作室的管理员留言，申请把自己的作品添加进去。如果你制作出了有趣的作品，可以试着添加一下哦。

与动画相关的一些工作室

　　例如，有如下这些与动画相关的工作室哦。

·Stop-Motion Animation（可以自己添加）

·Stop Motion（要留言申请）

·Stop-Motion Projects（要留言申请）

在 Scratch 网站上搜索这些名字就可以找到它们啦。

如何让很多东西动起来

只要摄像头的拍摄范围内能摆得下，就可以加进很多东西。可以试试制作物体擦肩而过、相撞等各种动态效果。

可以加些东西

比如给运动物体加上五官制作成一个卡通形象，或是用画图纸、纸板等制作一些小道具和装备，打造出只属于自己的世界。

怎么才能拍得更轻松

使用 视频侦测 ※ 中的 开启 ▼ 摄像头 ，可以让摄像头拍下的图像重叠显示在舞台上。这样一来，最后拍摄的照片与下一张照片的差别就很容易看出来，能让拍摄更轻松。下面这个代码的功能是用 w 键来重叠显示，用 q 键来消除显示。

※关于视频侦测的详细内容请参考第49页 "可以检测出动作的'视频运动'"。

Scratch 3.0桌面版

使用 Scratch 3.0 时，浏览器需要接入网络，但有时可能没有合适的网络环境，连不上网。如果想在无法用浏览器访问 Scratch 网站的情况下也能正常使用 Scratch 3.0，这里还有一种可以单独使用的离线编辑器。

离线编辑器的下载和安装方法请参考Scratch官网下方"下载"中的说明。

这个离线编辑器与通过浏览器使用的在线版本用法基本相同，只是要注意不能使用自动保存等连接网络时才有的功能。

用代码复制角色的"克隆"功能

使用"克隆"功能，就可以通过执行代码来复制角色。具体的使用示例可参照下面的内容。

可以检测出动作的"视频运动"

摄像头不仅可以拍照，还可以检测出视频里被拍摄物体的动作呢。例如，在下面这个代码里，如果用手触碰被拍摄物体，其移动就会被摄像头检测到，那么它的克隆体就会增加，并在 1 秒后消失。与视频运动有关的积木可以通过页面左下角的 🧩 按钮（添加扩展功能）来导入，大家可以试试看。

视频侦测
使用摄像头侦测运动。

49

数学 × 实践 多边形与星形

喵太郎：用 Scratch 也能学习啊？

画板哥：对呀，快点打开 Scratch 的编辑器吧。

喵太郎：打开 Scratch 的网页，点击"创建"。

画板哥：今天就让小猫来帮我们画线吧。其实，这只小猫是拿着一支笔的。

喵太郎：可是看不出来它拿着笔呀，是藏起来了吗？要怎样做才能使用呢？

画板哥：点击页面左下角的  按钮（添加扩展功能）试一试。这里面就有画笔功能哦。一旦给角色添加了画笔功能，添加的积木也就随之出现了。

啊，原来点击这个就能添加画笔了！

喵太郎：原来如此，那我们快点开始画吧！

让小猫边走边画线

画板哥：先来制作让小猫在舞台上来回走的代码吧。

喵太郎：用 移动 10 步 、 碰到边缘就反弹 和 重复执行 这三个积木就行了吧？

画板哥：不错啊，喵太郎。那就快点把它们组成代码，然后点击试一下吧※。

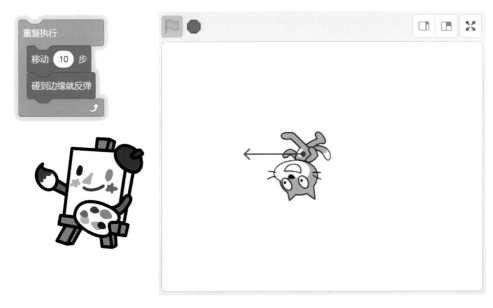

※ 这里小猫倒过来也没关系。

喵太郎：小猫走的时候，只要碰到边缘就会反弹回来。但是它总是在一个地方走来走去，我们能让它把整个舞台都走遍吗？

画板哥：那就试试直接用鼠标控制角色方向吧。

喵太郎：OK。欸？我试着去抓舞台上的角色，但是改变不了它的方向呀。

画板哥：在舞台正下方，也就是角色列表的上半部分写着角色名和表示角色位置的 x、y 坐标等数字，看见了吗？那个地方还有一个"方向"，你点击方向后面的数字栏试一试。

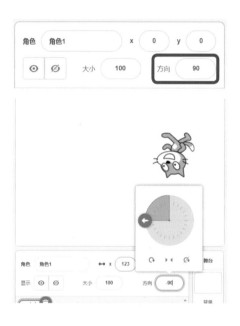

喵太郎：哇！打开了一个表盘模样的页面。现在是 9 点钟，那把它变成 3 点钟呢？啊，调这个钟表的时间，小猫会跟着动呢。

画板哥：是的。这个蓝色的箭头就表示角色的方向。

喵太郎：哦，这样啊。拖动 ← 就可以把倒着的小猫的方向调回来了。好了，现在小猫开始在舞台上走起来了。

画板哥：下面该试试画笔功能了。你先把 里的 拖到代码区里。

喵太郎：要把 和其他积木接在一起吗？

画板哥：先不把它和其他积木接在一起，单独用用看吧。把它放在代码区里空白的地方，试试点击 。

喵太郎：点击 ……哇！小猫开始边走边画线了！拖动  还可以让小猫改变画线的方向呢。

画板哥：对，这就是画笔功能。

消除笔迹的方法

喵太郎：小猫来回走，弄得舞台上都是线，真想清理干净呀。

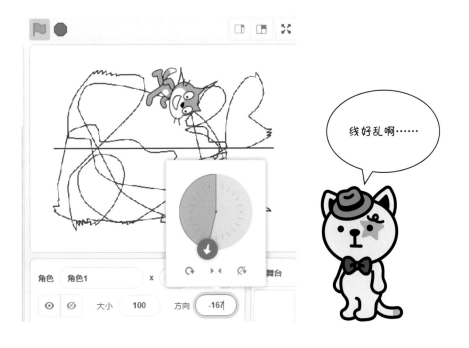

线好乱啊……

53

画板哥：$\stackrel{\text{画笔}}{}$ 里有一个 $\boxed{\text{全部擦除}}$ 积木，用这个。

喵太郎：哇，点击以后所有笔迹都消失了。现在代码已经启动了，我们赶快开始画图吧。

画板哥：这里还有一个 $\boxed{\text{抬笔}}$ 积木呢！这个积木可以让小猫停止画线。其实所谓的落笔和抬笔就是小猫的笔尖落在舞台上和离开舞台的意思。

喵太郎：真的呢，点击 $\boxed{\text{抬笔}}$ 就停止画线了。这里还有 $\boxed{\text{将笔的粗细增加 }1}$ 和 $\boxed{\text{将笔的 颜色 增加 }10}$ 呢。

画板哥：这些我们一会儿再说，先开始画图吧。开始之前先按下 $\boxed{\text{全部擦除}}$，把舞台上残留的线去掉。如果小猫还在走，就先让它停下来。点击运行中的积木或按下 ⬡ 都可以停止运行。

喵太郎：知道啦。

画正方形

画板哥：喵太郎，你知道什么是正方形吗？

喵太郎：知道啊。正方形是一种四边形，它的四条边长度相等，四个角都是直角。也就是说，正方形就是四边相等、四个角都是 90 度的四边形。

画板哥：没错，那么我们来试着画个正方形吧。

喵太郎：好啊。但是没有尺子，怎么测量边长啊？

画板哥：问得好。这里，边长可以用小猫的步数测量。我们可以规定边长为小猫走 100 步的长度。让小猫直走 100 步，右转 90 度，再走 100 步，右转 90 度……一共执行 4 次这样的"前进后右转"指令试试看吧。

喵太郎：哦，这样啊。小猫的步数就相当于用尺子测量的边长，旋转角度就相当于用量角器测量的角度。那么我们先把 $\boxed{\text{右转 }15\text{ 度}}$ 和 $\boxed{\text{移动 }10\text{ 步}}$ 连在一起，然后把数字分别改为 100 步和 90 度。一共需要执行 4 次，所以制作完一组积木之后要复制一下。

画板哥：复制积木时，鼠标指针放在要复制的积木上，按下鼠标右键，在菜单里选择"复制"。另外，也可以点击想要复制的积木，通过键盘快捷 Ctrl+C 和 Ctrl+V 来复制[※]。旋转角度都是右转 90 度就好了。

※如果是 Mac 操作系统，快捷键是⌘+C和⌘+V。

喵太郎：好了，点击一下开始运行。咦，怎么回事？没动啊。

画板哥：因为移动速度太快了，所以看不见它在动，看起来就像一直在原地一样。还有，不要忘了落笔哟。

喵太郎：哦，先点击 🖊落笔，再点击代码。欸？为什么画出来是斜着的呢？

画板哥：因为开始画之前没有让小猫向右旋转 90 度吧。如果正方形超出了舞台，那么可以把小猫拖到舞台的中间。另外，如果小猫太大导致看不清画的线，我们可以把它变小一些。在舞台下方的角色控制板那里，把"大小"后面的数字从 100 改到 40 左右就可以了。

喵太郎：原来如此啊。把让它朝右的积木  放在代码最上面，然后再把小猫变小……搞定了！

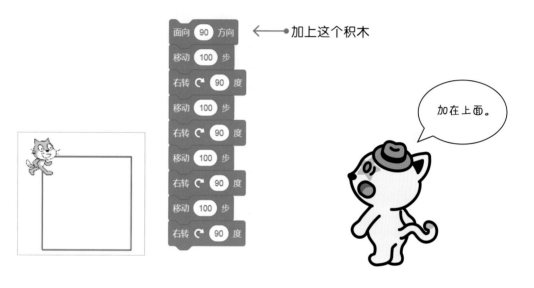

加上这个积木

加在上面。

整理代码

画板哥：对了，你看代码，不觉得缺了点什么吗？

喵太郎：嗯……没有加 当▶被点击 积木？

画板哥：是的。如果是在项目页里，看不见编辑器，就不能点击积木了，所以这时就必须加上 当▶被点击 。你再看看，还缺别的吗？

喵太郎：还缺吗？不缺了吧，反正已经能动了。

加上这个积木

再加一个。

画板哥：我来提示你一下吧。如果要用同样方法画 100 个三角形，该怎么办？

喵太郎：复制 100 次？太麻烦了吧。如果能自动重复同一件事情就好了……啊，对了，可以用 控制 分类里的 重复执行 10 次 呀！

画板哥：对了！

喵太郎：把 重复执行 10 次 里的 10 改成 100！啊，不对，这次要画正方形，所以改成 4 才对。弄好了呦。

画板哥：还有，每次把舞台上的线删掉不是也很麻烦吗？其实把 全部擦除 加到 当 ▶ 被点击 和 面向 90 方向 之间就可以了※。

喵太郎：这样啊，看起来好简单啊。这个代码做的事还可以组成句子读出来呢。

※ 之前是要先点击 落笔 小猫才会开始画线，其实把这个积木放进代码里，也可以画出线来呦。大家想想看应该把它放在哪里吧。

57

画正三角形

画板哥：下面用这个代码画一下其他正多边形吧。明天上课还要学三角形吧，你知道什么是正三角形吗？

喵太郎：就是三边相等的三角形吧。

画板哥：没错。那么就画一下正三角形吧。把正方形的代码改动两处就可以了。

喵太郎：嗯……前面的四边形是重复 4 次，那么三角形就是重复 3 次吧。正三角形的内角是 60 度……

画板哥：嗯，你知道内角啊，不错嘛！

喵太郎：嘿嘿！我把代码改一下试试。啊，什么情况！怎么走成这个样子了呢？

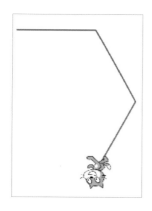

画板哥：怎么解释呢……要不你把自己当成角色实际走一下试试吧，先从正方形开始。

喵太郎：嗯。要是走 100 步就太累了，所以我用 1 大步代替 100 步，然后右转 90 度吧。这样重复 4 次，走一圈就是一个正方形了呢。

画板哥：是的。跟刚才一样，再走一个正三角形吧。

喵太郎：用 1 大步代替 100 步，再右转……啊，旋转角度比正方形大啊。这是多少度啊？

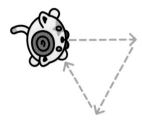

画板哥：之前我们说正三角形的内角是 60 度，可角色旋转的角度是内角吗？

喵太郎：啊，难道不是内角是外角？

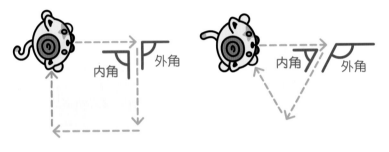

画板哥：我们来确认一下吧。

喵太郎：嗯……外角度数是由 180 减去内角度数得到的，那就是 180 − 60 = 120。我修改一下代码里的旋转角度再运行一下试试。啊，这回是正三角形了！

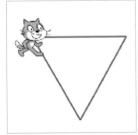

喵太郎真棒！

画各种各样的正多边形

画板哥：下面该画正六边形了。

喵太郎：刚才画失败的三角形好像就是半个正六边形啊。所以，会不会是重复
次数是 6 次，旋转角度是 60 度呢？我试一下看看。

 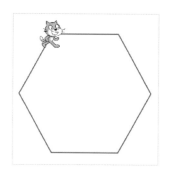 

画板哥：没错。下面咱们趁热打铁，再画正五边形吧。

喵太郎：欸？我不知道正五边形的外角度数是多少啊。不过，我觉得应该是在
正六边形和正方形之间吧。

画板哥：嗯……这样吧，我们把这些数据都整理成表格来看一下。你从这个表
中发现什么了吗？

正多边形的种类	边数 （角数，重复次数）	外角 （旋转角度）	边数 × 外角
正三角形	3	120	？
正方形	4	90	？
正五角形	5	？	？
正六角形	6	60	？

喵太郎：嗯……还是不太懂。

画板哥：别放弃，再好好想想。用乘法想想。

喵太郎：乘法？嗯……难道是……啊，边数和外角度数的乘积都是 360！

画板哥：喵太郎，你在制作画正方形的代码时说过"走一圈"，那么一圈是多少度呢？

喵太郎：360 度！对啊，不管是什么样的多边形，一圈都是 360 度。

画板哥：对。那么五边形的外角呢？

喵太郎：好……好难啊！

画板哥：边数 × 外角度数 = 360，所以如果知道了边数，用除法就可以求出外角度数了。

喵太郎：其实我也想到了这个方法。那么就是 360 ÷ 5，用竖式计算……

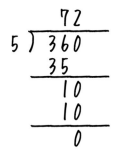

喵太郎：是 72！重复次数就是边数，也就是 5 次，旋转角度是外角，所以要改成 72 度。好啦！

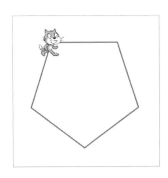

画板哥：不错啊，喵太郎。你自己发现新法则了呀[※]！

喵太郎：正多边形的外角度数是"360 ÷ 边数"！

※ 想一想怎么才能让图形颠倒过来吧，很有趣哦。

你见过正七边形吗

画板哥：那么下面该画正七边形了吧？

喵太郎：简单。360÷7 是……啊，除不开啊。商 51 余 3。

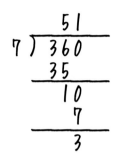

怎么办？

画板哥：对，这个算式是除不开的。如果不取余数，用小数表示，就是 51.428 571 4…
这个无限小数。

喵太郎：这样不行吧？

画板哥：这里就要用到 运算 分类里的 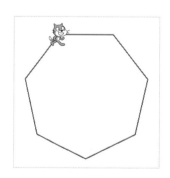 了。如果使用这两个积木，直接把
算式放代码里就可以了。

喵太郎：哦，但是这个"/"是什么啊？

画板哥：在计算机的世界里，"/"就代表"÷"，"*"就代表"×"。

喵太郎：这么说起来，的确是呢。好啦，那么重复 7 次，旋转角度改为 360 / 7
试一下咯。啊，这就是正七边形呀？第一次见！

这就是计算机的
强大之处！

使用变量

画板哥：按照顺序该画正八边形了，不过每次都要改很多地方的数字，真麻烦啊。你观察一下正七边形的代码，看看有没有一样的数字。

喵太郎：重复次数和除数都是7。

画板哥：是啊。这里试试用变量吧。

喵太郎：哦，变量啊……想不起来变量是什么了……

画板哥：变量是一个可以自由变化的量，就是能变的数。

喵太郎：啊，我好像想起来了。

画板哥：（真是让人不放心啊……）如果把刚才的数改成变量，只要把正多边形的边数当作变量的值输进去，那么不论是几边形都可以画出来呢。

喵太郎：这样好方便啊。

画板哥：那么就赶快创建一个新变量吧。点击 变量 分类里的 建立一个变量 ，打开"新建变量"对话框，输入变量的名称。名称就叫"边数"吧。这个变量的使用范围也可以设置一下，这次选"适用于所有角色"就可以了[※]。

> 边数的变量创建好了！

※ 页面上可能会显示"云变量（存储在服务器上）"的选项，这次先不用管。如果一定想知道是什么，可以看第89页。

喵太郎：这里使用 边数 ，制作出 重复执行 边数 次 和 360 / 边数 这两个积木就可以了吧？可是边数怎么设呢？

画板哥：要用 将 边数 ▾ 设为 0 这个积木。

喵太郎：原来如此啊。那么，如果画正七边形，就输入数字7，把 将 边数 ▾ 设为 7 夹在 全部擦除 和 面向 90 方向 中间，这样就也能画出正七边形的代码了。

画板哥：下面我们制作画正一百边形的代码吧。

喵太郎：好啊。如果这个也能用重复执行，那么我们可以……

画五角星

画板哥：对了，你会画五角星吗？

喵太郎：我会用手画，一笔就能画下来。

画板哥：这么说，你应该会用刚才画多边形的方法画五角星吧？

喵太郎：啊……好像很难的样子。太麻烦了，我不懂。

画板哥：别放弃呀，我们才刚开始玩。

喵太郎：好吧。那么，我再当一次角色走一遍吧。走 100 步，旋转的时候感觉
就像原地转圈一样……角度是多少度呢？线条的数量是 5 条，所以重
复 5 次就可以了吧？

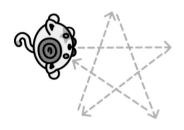 

画板哥：没发现什么吗？

喵太郎：啊？画五角星的时候我好像转了两圈？

画板哥：对，画五角星要转两圈。那么该怎么改代码呢？

喵太郎：如果是正多边形，一圈是 360 度，所以两圈就是 360 × 2 = 720 度吧？

画板哥：我们干脆试一下吧。Scratch 最大的好处就是随时都可以试试效果。

喵太郎：好！那么我在原来写着 360 的地方放入 ⬭，这样它就变成了
360 · 2 / 边数 。搞定！运行一下试试咯！

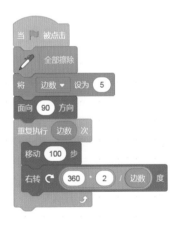  

喵太郎：太厉害了！画出五角星了！明天我要拿到学校给大家都看看！

画板哥：那么能不能画其他星形呢？试着改变边数看看吧。

喵太郎：咦？边数改成 4 之后，竟然画不出来了。

画板哥：对呀，为什么呢？你可以把各种情况都试试然后思考一下。话说回来，我们现在尝试的这些图形画法和学校里学的画法在思路上不太一样呢。看来解题思路真的是多种多样啊。

喵太郎：啊，这个跟学校里学的不一样吗？那这还能算是预习么……

了解扩展功能"画笔"中的积木

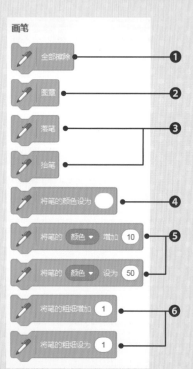

❶ **全部擦除**
可以清除画笔或图章等画出来的所有痕迹。

❷ **图章**
每执行一次这个积木，舞台上就会原样复制出一个角色。

❸ **落笔、抬笔**
落笔后，角色就可以在舞台上画出线来，抬笔后则停止画线。该积木一旦执行，相应状态就会一直持续下去。

❹ **将笔的颜色设定为○**
可以改变画笔的颜色。点击○后，既可以通过滑动条来调整颜色，也可以点击滑动条下方的吸管工具，待页面变暗后从舞台上吸取喜欢的颜色。

❺ **将笔的颜色增加 10、将笔的颜色设为 50**
可以通过指定数字来改变画笔的颜色。用比较专业的词来说，改变的是"色相"。至于数字范围与颜色之间具体的关系，可以自己试试看。
点击"颜色"的部分，通过跳出的菜单还可以指定饱和度、亮度和透明度。

❻ **将笔的粗细增加 1、将笔的粗细设为 1**
可以用数字来指定画笔的粗细。可以试试把画笔设成最粗的，看看会怎么样。

来试试改变画笔的颜色和粗细吧

改变画笔的颜色可以画出色彩丰富的图形来，而改变画笔的粗细也许能画出意想不到的有趣图形呢。

 来试试改变边的长度吧

图形的大小也是可以自由变换的呢。如果多边形的边数已经多得超出舞台的范围了，也可以缩短边长来试试。

 来试试画出各种各样的正多边形和各种多角星吧

为什么画不出边数是偶数的多角星呢？如果不是转 2 圈，而是转 3 圈来画星形图案会怎样呢？是不是也能画出不能一笔画下来的图形呢？可以试试修改代码，比如改变数字和变量等，看看会怎么样。

 来试试一边画图一边移动吧

你能制作出一边画很多星星一边在舞台上移动的效果吗？

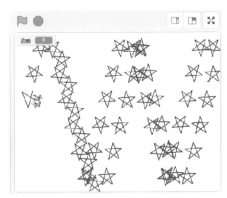

效果示例

车窗模拟器

月亮为什么一直追着我们啊？

嗯？什么意思？

虽然周围的景物变了，可是月亮还是在同一个地方。

不会是月亮在追我们吧？

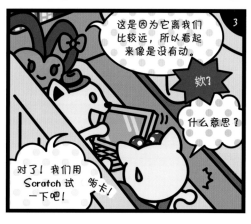

这是因为它离我们比较远，所以看起来像是没有动。

欸？

什么意思？

对了！我们用 Scratch 试一下吧！

咔卡！

车里面不许用计算机！

哈哈~被骂了！

……

喵太郎：还是半懂不懂……

剪刀妹：你好啊，喵太郎！干什么呢？

喵太郎：在用 Scratch 做月亮一直追着我们的模拟实验呢，不过好难啊。

剪刀妹：模拟实验？真棒啊，你还知道这么难的词啊。

喵太郎：我之前不是制作过一个可以模仿小蚂蚁动的模拟器吗※？

剪刀妹：哦，那我不打扰你啦。

喵太郎：等一等！大家一起想一下嘛。你不是说过"因为它离我们比较远"什么的吗？

剪刀妹：自己思考才是最重要的嘛。不过现在离跟画板哥约好的时间还有些早，我就帮帮你吧。

※《Scratch少儿趣味编程》中"科学 蚂蚁模拟器"部分有关于模拟器制作方法的介绍。关于模拟实验的内容，请参考本书第112页。

回想一下从车窗里看见的景色吧

当小汽车、公交车、电车等交通工具跑起来的时候，窗外的景物会很快地掠过车窗。因为我们是坐在车里向外看的，所以窗外的景物看起来像是在朝着和我们的行进方向相反的方向移动。而且，离我们近的景物移动速度比较快，离我们远的景物则看起来慢一些。

为什么远的物体看起来移动得慢呢？

我们来想象一下球在眼前运动的情景吧。

假设在一段时间 t 里，球的行进距离为 a，其可视范围（视野）内的角度变化为 b（如下图左侧所示）。

同时假设球在更远的地方，以同样的时间 t 移动距离 a 时，可视范围（视野）内球的角度变化为 b'（如下图右侧所示）。

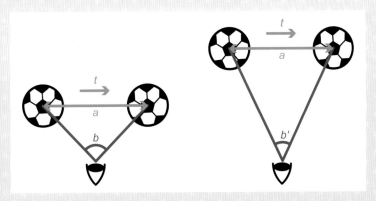

如图可知，b' 的角度比 b 的角度小一些。而角度变化所用的时间是相同的，都是时间 t，所以会让人感觉远处的球比近处的显得速度慢一些。同样的道理，月亮离我们很远，即使它的相对速度很大，角度变化也很小，所以看起来才会是静止不动的。

喵太郎：车开在山路上的时候，我们会发现离得近的树移动得比较快，离得远的树移动得就慢一些。

剪刀妹：月亮就没有动，是吧？

喵太郎：嗯。傍晚的时候从牧场边上经过，路边的栅栏一下子就从眼前过去了，里面的牛慢一些，后面的建筑物更慢，而落日的地方基本不动。

剪刀妹：你记得很清楚嘛！把回忆起来的情景用 Scratch 制作出来吧。

让小猫往窗外看

剪刀妹：我们首先需要一个窗户。把整个舞台当成窗户怎么样呀？小猫这个角色可以直接用。我们用它来代替往窗外看的喵太郎吧。

喵太郎：难道我在你心里就是这个样子？我不是明显比它帅很多吗？

剪刀妹：呵呵，不聊这个啦。因为这个猫是坐在车里的，所以不用动。为了让它看起来更像往窗外看的样子，我们把它放大一些，移动到窗户旁边。

喵太郎：如果要放大，就是点击舞台下方角色"大小"后面的数字框，再往里输入数字就行了。之前是 100，现在我们改成 400 吧。放大了不少呢。

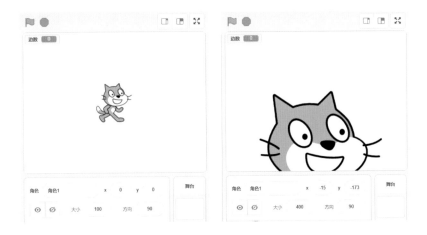

剪刀妹：为了让它看起来是在往窗外看，你要把它移动到舞台下面，只留一个脸。

喵太郎：我已经把小猫拖到舞台下面了，但如果是往外看，脸的朝向是不是有些奇怪？

剪刀妹：喵太郎，你很敏锐嘛。那么，我们就把脸去掉吧。

用绘图编辑器去掉小猫的脸

先确认有没有选中小猫。如果还没有选中，就先点击小猫这个角色，然后点击 🖌造型 ，打开绘图编辑器。现在这个角色有两个造型，用第一个造型（造型1）就可以。

喵太郎：把脸去掉一般会用橡皮吧，是哪个呢？啊，🧽 这个对吧！？用一下试试？

　　等一下。Scratch 3.0 中大部分角色是用矢量模式绘制的，包括这只小猫。在矢量模式中，图像数据是按照直线和曲线来管理的。所以不仅图像在放大或缩小时边缘比较流畅，复杂的图形也可用多个重叠在一起的零件来表示。因此这只小猫脸上的零件，也就是眼睛、鼻子和嘴巴都是可以拆卸的。

喵太郎：拆卸？听起来好恐怖啊。

　　在绘图编辑器里先点击 ▶（"选择"按钮），再点击小猫这个造型。然后小猫四周就会被一个四边形的方框围住，被围住的范围就是一个零件。

喵太郎：可是虽然通过 ▶ 工具点击了小猫的眼睛，但方框围住的还是小猫整个头部。这就是说，整个头部才算是一个零件吧。

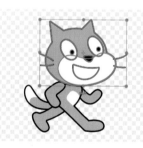

　　现在是的，因为所有零件都组合在一起成了一个整体。可以在选择小猫之后同时点击 ▦（"拆散"按钮）来取消组合，这样就能把头部分成多个零件了。

现在该把眼睛、鼻子和嘴巴去掉了。点击一下就可以选中相应的零件了，选中之后点击 Backspace（如果是 Mac 计算机，请点击 Delete）来删除零件。如果出错了，可以点击 📁 （"撤销"按钮）返回上一步。

喵太郎：选中一只眼睛……去掉了！

剪刀妹：剩下的一只眼睛，还有鼻子和嘴巴也都没用了，把它们也去掉吧。

喵太郎：选中眼睛，去掉。选中鼻子，去掉。选择嘴巴……

剪刀妹：嘴巴周围的白色部分也不需要，去掉吧。

喵太郎：选中白色的部分……去掉了哟。

喵太郎：无脸怪出现啦！

剪刀妹：去掉这些之后，小猫看起来就像是背对着我们的了。

这个胡子看起来还是有些奇怪啊……

矢量图中各部分的前后关系

如果你觉得喵太郎的胡子还是有点奇怪，也可以试试调整各部分图层的前后顺序。可以选中胡子的部分，点击如下的按钮来调整他们之间的前后重叠关系。

往前放　往后放　　放最前面　放最后面

制作经过的景物

剪刀妹：你还真是注重细节啊。不过，这里就先忽略掉吧。现在要制作外面的景色了，我们先调出一棵树放在舞台上吧。

想要调出角色，就应该点击角色列表右下方的 🐱，点击之后就会弹出角色库。树的英文是 tree，所以要在左上方的搜索栏里输入 tree 来查找。搜索后会显示树的角色。我们就使用角色 Tree1 吧，点击它的角色板。

搜索"tree"，点击 Tree1 的角色板。

喵太郎：树出现在舞台上了。啊，怎么到小猫头上去了啊？

剪刀妹：这时可以用鼠标把小猫拖到前面来。

喵太郎：真的呢！最后拖动的角色会到前面来。

剪刀妹：另外一种方法是选中小猫，并使用  分类中的 前移 ▾ 1 层 ，作用都是一样的。

把小猫拖到前面来

剪刀妹：下面制作一个代码，让树动起来。应该用哪个积木呢？

喵太郎：用 运动 分类里的 移动 10 步 吧。我已经把它们拖到代码区了，点击之后这棵树就会从左边移动到右边。不过我是从左边的车窗向外看的，所以景色应该是从右边往左边移动才对，现在该怎么弄呢？

剪刀妹：可以用移动 –10 步的方法，但是这次还是先用别的方法吧，比如改变一下椰子树的方向。

把 面向 90 方向 拖到代码区，点击 90 方向 中的数字部分，将表示方向的表盘设定为朝向左的 –90，然后把 移动 10 步 放在 重复执行 里面。

喵太郎：搞定！但是椰子树是倒着的啊，而且碰到边缘就会停下来。用 碰到边缘就反弹 的话它又会反弹回来。

你注意到了一个很好的问题。倒着的问题一会儿再处理，现在我们先让树到达左边之后，再从右边出来。这稍微有些复杂，我们一点一点地说吧。首先你需要知道舞台的大小。舞台的横向（x 坐标）是 –240 至 240，纵向（y 坐标）是 –180 至 180。角色在舞台中的位置可以通过 运动 分类中的 x坐标 和 y坐标 来查看。检测角色是否碰到了左侧，也就是检测角色的 x 坐标是否小于 –240。

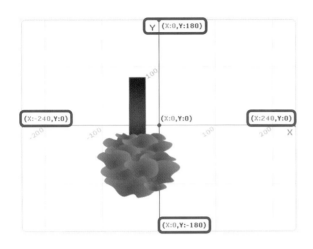
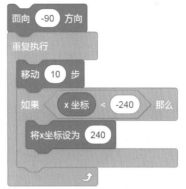

喵太郎：这么说，也就是把代码制作成"如果  那么 将x坐标设为 240"
这样就可以……搞定啦。

剪刀妹：那么就试着运行一下代码吧。

喵太郎：但是要先把倒着的问题解决一下啊。

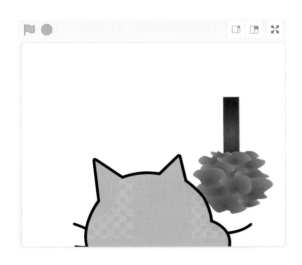

剪刀妹：也是啊。"面向 –90 方向"（左）就相当于在"面向 90 方向"（右）的
状态下旋转 180 度，所以才会刚好倒过来。那么我们必须得增加一个
将旋转方式设为 不可旋转 ▼ 积木才可以。点击 将旋转方式设为 左右翻转 ▼ 中的 ▼ ，选择
"不可旋转"。这个积木修改好了之后，就可以点击代码运行一下了。

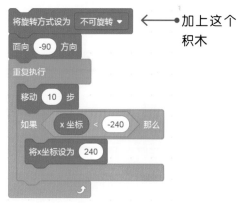

← 加上这个积木

喵太郎：感觉不错呢，树从车窗外很流畅地过去了。我还想制作一些其他的东西，我们在树的后面加几只动物吧。

制作稍微远一些的景物

剪刀妹：好啊，那就在树的后面加个狐狸吧。点击角色列表下方的 ，在"动物"分类里找到 Fox（狐狸）。将鼠标指针放在狐狸上的话，它还会变换坐着或卧着的不同造型呢。直接点击它就行了。

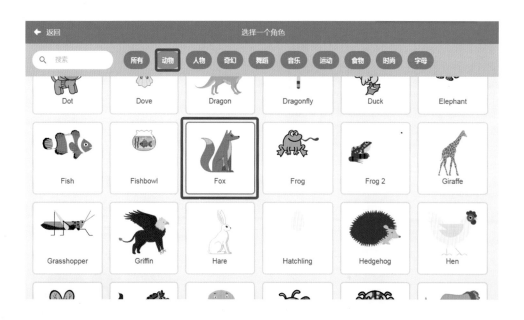

喵太郎：找到了。可是我想让狐狸在树后面，结果它跑到前面来了。真没办法，只能先把树拖到前面，再把小猫拖到前面了。

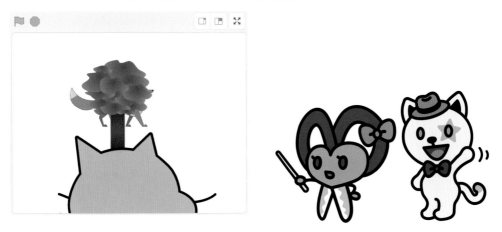

剪刀妹：嗯，那么下面就制作代码，让狐狸也动起来吧。模仿树的代码来制作应该就可以了。

新制作一个代码其实也可以，但是这次就直接把树的代码复制到狐狸上用吧。在复制之前要先稍微改一下代码。以前都是直接点击代码来运行的，但是现在角色增加了，为了不用逐个点击代码就能运行程序，我们给代码加上 当 ▶ 被点击 吧。

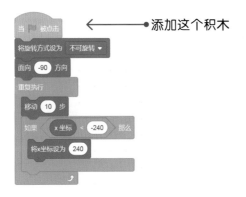

←————●添加这个积木

代码改好了之后，拖着前面的 当 ▶ 被点击 ，把它放到角色列表中的狐狸图标上。只要鼠标指针与图标重合，狐狸图标变成了蓝色的，就可以松开鼠标了。然后，代码就会被复制到狐狸里面。

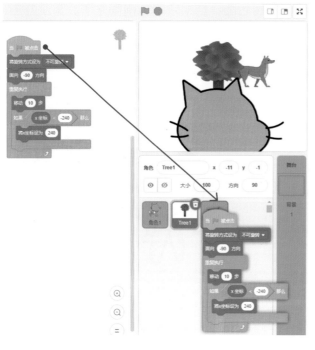

是从代码区拖到狐狸图标上。

喵太郎：啊？我把代码拖过去了，可是感觉并没有复制进去而是直接回来了。要再来一次吗？

剪刀妹：应该没关系，点击狐狸图标确认一下吧。

喵太郎：啊，已经复制过来了。好了，那么就点击 🚩 试着运行一下吧。

剪刀妹：嗯，如果代码没有复制到狐狸里面，可以再复制一次。话说，代码运行得怎么样？效果还满意吗？

喵太郎：倒是运行起来了，不过，因为狐狸和树是同一个代码，所以它们的动作完全是同步的。狐狸在树的后面，它要是能慢一些就好了。

剪刀妹：那么你想怎么改呢？

喵太郎：我觉得，移动10步 是决定速度的，所以要想让狐狸慢一些，可以把它改成 移动5步 ，你觉得呢？

剪刀妹：可以啊，试一下吧。

喵太郎：把数字改成 5，点击一下 🚩 。嗯……感觉不错，但是要是能自由改变速度就好了。因为开车的时候，有时候开得快，又有时候会堵车。

剪刀妹：这个想法不错！啊，都这么晚了，我得走了。

喵太郎：啊？才刚过一小会儿啊！

改变汽车的速度

剪刀妹：那我再待一会吧。要改变速度，就不能用确定的数，而是要用会变的数，所以应该用变量。

喵太郎：对啊！如果可以创建一个变量 速度 放在 移动 10 步 里，代替里面的 10 就好了。点击 变量 分类里面的 建立一个变量 ……啊，应该选"适用于所有角色"还是"仅适用于当前角色"啊[※]？

※ 可能会有"云变量（存储在服务器上）"的选项，这次先不用管，如果一定想知道这是什么，可以看第89页。

剪刀妹：那要看这个 速度 是什么的速度。如果是自己坐的汽车的速度，那每个角色跟它的关系都是一致的。

喵太郎：哦，那就选择"适用于所有角色"吧。选好之后点击"确定"就可以了。

剪刀妹：把这个 速度 分别放在狐狸和树的代码里，制作成 移动 速度 步 这样就可以了。

喵太郎：好，完成了。但是，这样狐狸和树的速度就一样了啊。

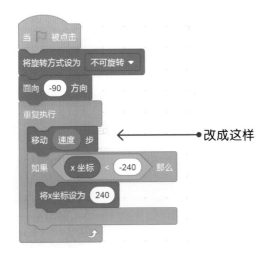

←● 改成这样

剪刀妹：这个先不要管，我先告诉你一个很方便的改变 速度 里面的数的方法。在创建这个 速度 的时候，你有没有发现舞台上多了个 速度 0 呢？

喵太郎：这个我知道，这是可以看到变量内容的变量监视窗吧？点 ☑ 速度 左边的勾选框就可以让这个监视窗显示或隐藏起来，但是这里的数字怎么改不了啊？

剪刀妹：是吗？双击（连着快速点击两次）速度 0 试一下。

喵太郎：啊！变成 0 了！但是里面的字变大了。

剪刀妹：试着再双击一次 0 吧。

喵太郎：这次变成  了 ※。下面多了个奇怪的东西呢！

剪刀妹：下面的这个东西叫作滑动条。可以试着拖动那个方方的东西。

喵太郎：啊，数字变了！刚才树是移动 10 步，所以这里也改成 10 吧。

速度 10

※ 有的浏览器可能会显示为  。

剪刀妹：再试试点一下 ⚑ 吧。

喵太郎：在代码运行的过程中也可以拖动滑动条呀！边运行边改变速度的效果真像汽车行驶的感觉呀！可是狐狸和树按照同样速度通过的感觉还是有点奇怪。

剪刀妹：刚才树是 移动 10 步，狐狸是 移动 5 步，对吧？现在两个的速度都是 移动 速度 步 了。

喵太郎：哦，这样啊。如果 速度 是 10，那么想让它变成 5 时，除以 2 就可以。把狐狸的速度改成 速度 / 2 就可以了吧？

剪刀妹：是的。快点试一下吧。

喵太郎：把狐狸的代码改成 移动 速度 / 2 步 之后点击 ⚑ 运行。啊！跟我想的一样，太棒了！

树（Tree1）　　　　　狐狸（Fox）

调整新增加元素的速度

剪刀妹：但是，你不觉得移动的东西还是有些少吗？

喵太郎：我已经通过右键点击角色列表中的狐狸并选择"复制"。把狐狸复制到2只了。代码直接复制过来就可以，真方便啊。

剪刀妹：第2只狐狸还可以弄成再远一些的感觉。

喵太郎：远一些，也就是动得慢一些吧？

剪刀妹：嗯，也就是让除数比 速度 / 2 里的更大之类的。

喵太郎：嗯，我也这么想。如果是 速度 / 2 ，就代表 速度 是10的时候，它的速度就是2。我来改一下第2只狐狸的代码吧。嗯，慢下来了呢，感觉不错啊。

剪刀妹：是呢，那你能让第2只狐狸移动到第1只狐狸和树中间吗？

喵太郎：稍等一下，让我自己想想。除数是2的狐狸比除数是5的狐狸更远更慢……这么说，是不是应该把除数改成1啊？

剪刀妹：是这样吗？别光想，实际操作才是最重要的呢。

喵太郎：知道了。我试着改成了 [速度 / 1] 这样，但第 2 只狐狸的速度变成和树一样了！

剪刀妹：如果是 [速度 / 1]，那么无论 [速度] 是多少都不会有变化。话说你是怎么想到除以 1 的呢？

喵太郎：因为树后面的狐狸是除以 2，再远一些的狐狸是除以 5，所以我觉得越远数字越大，越近数字就越小，那么比 2 小的就是 1 了嘛。

剪刀妹：想得不错，就是有点可惜。喵太郎，你难道不会小数吗？树的除数是 1，狐狸的除数是 2，这之间是几呢？

喵太郎：小数我还是知道的，就是像 0.8、1.5 之类的吧。比 1 大又比 2 小的数应该就是 1.5 之类的。那么我把第 2 只狐狸改成 [速度 / 1.5]，然后点击 🚩 试一下……好了，感觉真棒！

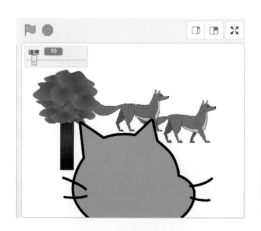

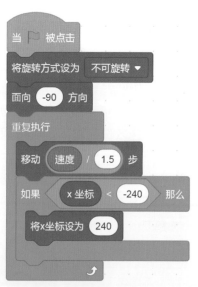

第 2 只狐狸（Fox2）

制作最远的东西

喵太郎：下面该制作月亮了。可是要怎么做呢？距离那么远，应该
是除以 10 000 000 吧？

剪刀妹：为什么不试一下呢？现在制作的不是精密的科学模拟器，只是一个看
起来在动的动画，最好先试试看再决定。另外，很遗憾，库里没有月
亮这个角色。所以我们点击角色列表中的 ，搜索 Sun（太阳）来替
代它吧。

喵太郎：太阳距离地球大概 1 亿 5 000 万公里，如果换算成"米"就是除以
150 000 000 000 啦。

剪刀妹：喵太郎，你知道挺多知识啊，就是动手实践上做得不怎么好。

喵太郎：你说什么？算啦，不跟你计较。把狐狸的代码复制到太阳角色上，改
成 移动 速度 / 150000000000 步 。改好之后，点击 ▶。啊，怎么不动呢？是不
是除法太难算不出来了啊？

剪刀妹：那是因为算出来的数太小了。如果 速度 是 10，那么结果大约是
0.000 000 000 066 6…。

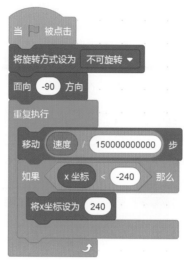

太阳（Sun）

剪刀妹：要是太阳太远了，那么我们就再制作一个能稍微移动、离得又比较远
的东西吧。在两只狐狸后面加一些岩石怎么样呢？角色库里是有岩石
（Rocks）的。

喵太郎：嗯，那么我就先搜索岩石，角色显示出来以后再把狐
狸的代码复制过去，改成 速度 / 50 ，最后点击 🚩
试试……哇，看起来好有感觉啊！

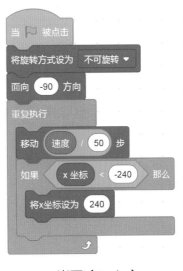

岩石（Rocks）

剪刀妹：把位置调整一下，前后对应起来就搞定了。

喵太郎：要是可以根据物体的远近改变除数，那么速度也就可以计算出来了。好想试一试各种想法啊。

剪刀妹：最后我来整理一个角色和距离以及速度的除数之间的关系表，大家可以参考一下※。

※ 这些数值仅仅是让程序中的物品动得比较自然的数值，并非科学严谨的精确值。

角　　色	距　　离	速度的除数
太阳	远	150 000 000 000
岩石	↑	50
狐狸 1		2
狐狸 2		1.5
树	↓ 近	1

来加入背景吧

如果在舞台的背景里加上图画或照片应该会更有意思，自己来试试看吧。

指定层的方法

之前是通过鼠标点击来改变角色前后顺序的，除此之外还有其他方法。使用 前移 ▼ 1 层 这个积木就可以改变角色的显示顺序（层）。这个积木会以现在的层为标准，将角色向后调。角色越远，数字就要设得越大。与此相对， 移到最 前面 ▼ 的功能则是无条件将角色调到最前面来。

来试试改变窗户形状吧

前面的介绍都是把整个舞台当作窗户的，但如果在最前面制作一个带洞的角色，就可以自由改变窗户的形状了。

来进行准确的模拟吧

不靠感觉，而是使用科学的方法解析各种运动并进行准确的模拟，那才是最棒的。这个现在说起来可能有些难为大家了，但希望大家有机会能试着挑战一下。

在用来编辑造型的绘图编辑器里，点击 T 就可以输入想要显示出来的文字。当然也可以输入中文，只是字体会比较少。所以，如果想要在造型上使用中文，还可以自己绘制，或是点击 ⬆，读入用其他工具制作成的图片文件。用中文字体设计角色，然后把项目共享应该会挺有意思的。

在关闭浏览器或打开其他页面后，普通变量的内容会恢复为最后保存的状态。如果使用云变量，则其内容会保存在服务器上，不会消失。

需要云变量时可以在"新建变量"对话框里勾选"云变量（存储在服务器上）"一项。使用这种云变量可以记录游戏的最高得分，或制作网络对战游戏等。

但要注意不可以使用这个功能制作聊天工具，而且只有用户级别达到 Scratcher 的人才能用云变量（具体请见第 141 页）。

重复纹样

剪刀妹：Scratch 里面就不会缺颜色，所以一起来制作一个能画出彩虹的代码吧。

喵太郎：彩虹？我以前制作过跟颜色有关的作品，很好看呢。

喵太郎：用 在 [1] 和 [200] 之间取随机数 的积木可以随机改变小猫的颜色，好看吧？

剪刀妹：挺漂亮的，但是你这仅仅是改变角色的颜色，通过改变颜色和位置来排列图案肯定更好看。

喵太郎：会更好看吗？那小喵一定会喜欢的！可是该怎么制作呢？

剪刀妹：其实我本来想让你自己制作的，但是为了让小喵更开心，还是跟你一起制作吧。要先准备一下，你先在 Scratch 网页上点击"创建"按钮，新建一个项目。

喵太郎：已经打开了。

剪刀妹：那么就快点制作重复纹样吧。

什么是重复纹样

重复纹样就是按照一定规律重复描画图形而成的画。家里面或自己的一些东西上就有重复纹样，例如 Scratch 的背景库中就有很多下面这样的重复纹样。

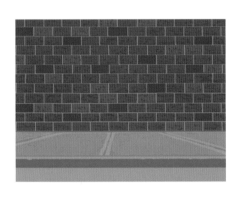
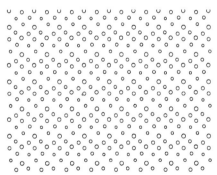

喵太郎：我房间里的壁纸也是这样的。

剪刀妹：如果仔细看，可以看出这就是在多次使用同样的图形。上面这个背景倒是可以直接使用，但我们是用程序来制作纹样的，所以可以更加自由地设计。话说，我们画什么样的好呢？

喵太郎：小喵喜欢圆点。

剪刀妹：那么就制作圆点纹样吧。

制作圆点纹样的素材

　　首先，我们要制作圆点纹样的基本形状，也就是素材。圆点纹样就是由很多小圆点排列而成的纹样。这次不需要小猫，我们先把小猫删掉，然后画一个圆点。删除小猫时，要先点击角色列表中的小猫角色，然后再点击右上角的🗑就可以了。删除后，就点击✏创建新角色吧。

点击角色列表中小猫角色右上角的🗑　　　　　　　　　　点击 ✏

剪刀妹：中央区域就是用来绘制造型的绘图编辑器，我们在这里画一个圆点。
　　　　如果把笔变粗一些，只点一次就能画好。

喵太郎：我已经点✏选择了毛刷，可是怎么把笔变粗呢？

剪刀妹：选择毛刷后，绘图编辑器上方的菜单中就会显示表示了笔的粗细的数字。
　　　　改动数字，就可以改变笔的粗细。我们输入 100，把笔改成最粗的吧。

输入 100，笔就是
最粗的了。

喵太郎：真的变粗了呢。颜色的话……蓝色很不错吧？

剪刀妹：那么就用蓝色吧。在填充这里把颜色调成 65、饱和度调成 100、亮度调成 100 应该就可以了，数值不那么准确也没关系。

拖动滑动条就可以调整。

喵太郎：好，制作好了。是不是转一圈就能画出一个圆点啊？

剪刀妹：不是啊，鼠标不用动，直接在绘图编辑器的正中心画一个点就可以。注意只需要用鼠标点击一次。※

喵太郎：啊，点的时候手抖了一下，画成椭圆形了。点击绘图编辑器上面的 ↰ 重画就可以了吧？

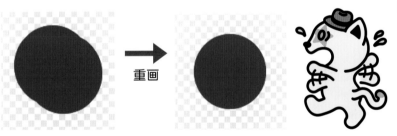

重画

※画好以后再改变中心点的方法见第135页。

剪刀妹：看起来不错嘛。在绘图编辑器里画好之后，圆点就会显示在舞台上。那么，接下来就用这个圆点制作重复纹样吧。

使用图章积木增加圆点

剪刀妹：喵太郎，你用过 🖊画笔 里面的 🖊图章 吗？

喵太郎：它是扩展功能画笔里的积木，对吧？在画多边形的时候用过画笔，但是图章还没用过。

剪刀妹：那就试一下吧。通过扩展功能导入画笔，然后点击 🖊图章 ，接着把圆点拖到别的地方试一下。

喵太郎：哇，出现了分身！可以点击很多次吗？

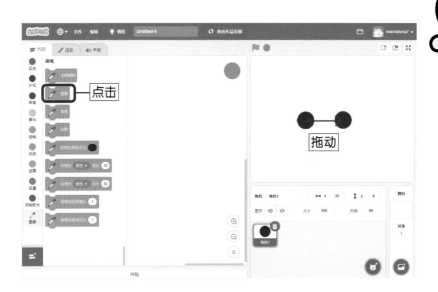

剪刀妹：嗯，可以的。每点击一次 🖊图章 ，舞台上就会出现一个这个角色的副本。

喵太郎：这样啊。🖊图章 真好玩。

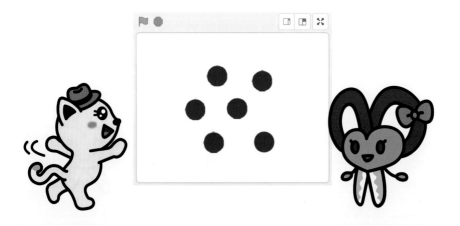

但是这样每次都要动手点，所以我们用代码来试试重复执行吧。

舞台上的圆点分身太多了，咱们先用  把舞台清理一下吧。然后，把圆点拖到舞台最左端，一边按图章复制一边移动它。

排成一横行

剪刀妹：点击执行这个代码会怎样呢?

喵太郎：这个代码是按下图章后，x 坐标就会增加 100 吧。可是，x 坐标是往哪边增加的来着?

剪刀妹：试一下就知道了。百思不如一试嘛。

喵太郎：对。啊，我点击了一下代码，按下图章后圆点往右移动了。点击 4 次之后就排成一行了，总共 5 个哟。

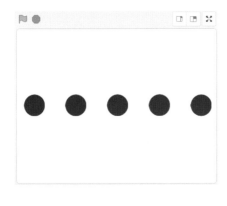

剪刀妹：是的呢。原来的圆点加上用图章复制出来的，总共 5 个，正好在舞台上排成一横行。

喵太郎：如果用重复执行，是不是就可以更简单地画出来了？

剪刀妹：那么就制作一个用图章让圆点排成一行的代码吧。

喵太郎：好，我先用  把刚才制作的代码围起来。另外，如果不把舞台清理一下，就会和前面的圆点重叠在一起，所以我在重复执行之前加了一个 ✎ 全部擦除。现在把圆点拖到舞台左侧后执行一下看看咯。好了！咦……最右边的圆点上是什么啊？明明重复执行了 5 次，可是为什么是 6 个圆点啊？

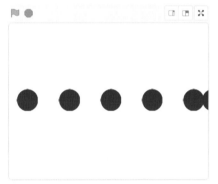

把圆点拖到左侧后，点击代码执行

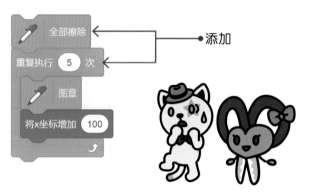

剪刀妹：这个是最开始的圆点呀。因为是按图章之后向右移动，所以按 5 次图章之后圆点就到最右侧了。反正圆点也不会继续增多了，不用管它。

喵太郎：哦，原来是这样呀。

剪刀妹：还有一个事，每次都要把圆点拖回最左侧太麻烦了。是不是可以看一下最开始的圆点的 x 坐标，让圆点每次回到这个坐标呢？使用 `将x坐标设为 0` 就可以了呢。

喵太郎：那么我就先把圆点拖到最左侧吧。要想查看它的 x 坐标，看一下舞台下方角色控制板中的 ↔ x -200 就可以了，对吧？

剪刀妹：没错，不过移动在舞台上的角色时，积木盘中就会像 `将x坐标设为 -200` 这样显示出数字来，所以直接移动圆点也能很方便地看到它的 x 坐标。

以某物为参照物，表示与这个物体之间的差异的称为"相对"；而以一个任何时候都不会变的事物为参照物来表示的就称为"绝对"。对于坐标而言，自己设定的点，例如与某个角色之间的位置差表示的就是相对坐标，而根据不变的原点（0，0）表示出来的是绝对坐标。在 Scratch 中， 将x坐标增加 100 为角色的相对坐标积木，将x坐标设为 0 为角色的绝对坐标积木。

例如，如果想让多个角色作为一组一起编队飞行，则使用相对坐标，只改变作为基准的角色的坐标就可以让其他角色统一进退了。这种情况下，如果使用绝对坐标，则必须要不断改变所有角色的坐标。相反，如果是绘制统计图表等，即希望角色按照固定的刻度移动，则使用绝对坐标更方便一些。

剪刀妹：好了，这样就能知道圆点当前的 x 坐标了。你看一下是多少。

喵太郎：我拖过去的地方的 x 坐标是 –200，那么把 将x坐标设为 -200 放在 全部擦除 的下面就可以了吧?

剪刀妹：对! 你对坐标还是很熟悉的嘛。

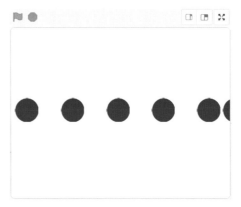

增加每行的圆点数

喵太郎：可是，现在圆点只能排列 5 个啊。感觉和纹样效果还差好多呢。

剪刀妹：5 个已经不错啦，不过的确还差很多。那么，多少个比较好呢？

喵太郎：10 个!

剪刀妹：那就试试吧。

喵太郎：已经改成"重复执行 10 次"了。啊，怎么还是 5 个？嗯……舞台的宽度只有 480，这样一来，100×10=1000，原来是超出屏幕了啊。

剪刀妹：是啊，所以还得改一下移动距离。

喵太郎：10 个圆点的距离应该是多少呢？

剪刀妹：用舞台的宽度除以 10，你会吗？

喵太郎：是不是用 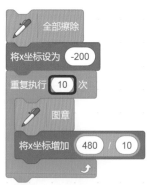 就可以了啊？

剪刀妹：对。如果用这个积木，即使个数改变也不需要自己来计算，非常方便。

喵太郎：那我就运行 将x坐标增加 480／10 了。啊，这次虽然出来了 10 个，但是都连在一起，看起来好奇怪。

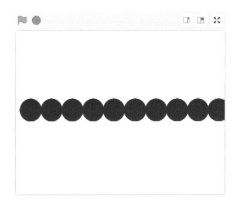

剪刀妹：嗯，因为圆点的大小和移动距离基本相同，所以它们就连在一起了。

喵太郎：那么如果想画出 10 个，就要改变圆点大小吧。我们是不是还要在绘图编辑器里画小一些的圆点啊？

剪刀妹：这时候用 ● 分类里的 将大小设为 100 就可以呢。
　　　　外观

喵太郎：啊，这个我用过！先把圆点大小改成一半，也就是改成 将大小设为 50 试试吧。

剪刀妹：好。

喵太郎：在最开始时设定一次大小就可以了，对吧？然后把它夹在"全部擦除"的下面。因为圆点变小了，所以我相应地把 x 坐标也往左移动了一些，改成 –220 了。运行代码……好啦，现在圆点间隔刚刚好。

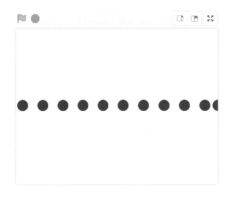

剪刀妹：这个感觉不错啊。无论多少个圆点都可以自由地制作出来了呢。

喵太郎：嗯，如果是 20 个，就是重复执行 20 次，也就是"480/20"，对吧？另外，为了不让圆点连在一起，我把大小调成 30 了。

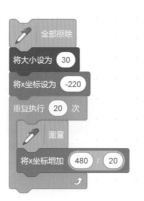

剪刀妹：那我再给你一个建议吧。制作 20 个圆点时改了 2 处数字，对吧？这里，如果意思相同的数字使用不止 1 次，用变量会方便很多呢。

喵太郎：哦，对。点击  分类里面的 建立一个变量 之后输入变量名字就可以了吧？可是起什么名字呢？

剪刀妹： 每行圆点数量 怎么样？打字对你来说有点难吧？

喵太郎：不难，在学校学过打字，所以还好。

剪刀妹：种类选"适用于所有角色"就可以了。选好之后记得点击"确定"。

喵太郎：变量创建好了。把 将 每行圆点数量 ▾ 设为 20 放在 将大小设为 30 下面，把重复执行次数处的"20"和 480 的除数处的"20"换成 每行圆点数量 ，对吧？现在我要点击代码运行一下咯。

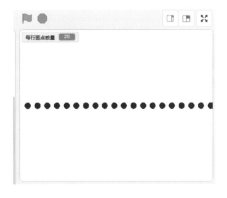

增加行数

剪刀妹：现在进展很快啊。是不是该增加行了？你知道
怎么在下面加一行吗？

喵太郎：嗯……我把圆点拖到下一行开始的位置了，可
是开始运行之后第一行就消失了。

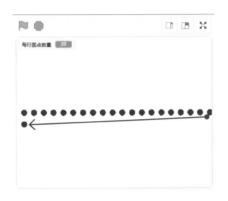

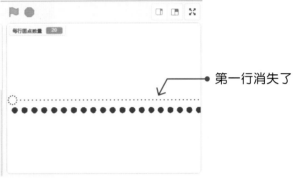

第一行消失了

剪刀妹：这是因为代码最上面添加了 。

喵太郎：那把第一行的代码复制过来怎么样？复制时从 将x坐标设为 -220 的位置开
始就可以吧？也就是点击鼠标右键选中 将x坐标设为 -220 并复制之后，把
它和上面合在一起。

要合在一起！

101

剪刀妹：光这样的话，圆点还会画在同一个地方呢。

喵太郎：这样啊。那么为了让圆点向下移动，我们在第2个 [将x坐标设为 -220] 积木上面加上 [将y坐标增加 -30] 吧。好啦，我点击积木运行一下吧！

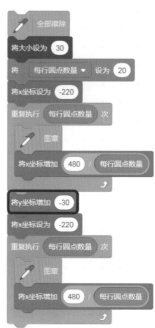

剪刀妹：不错。下面就不光是这两行了，我们还要让整个屏幕里都是这样的圆点。

喵太郎：可是怎么制作才好呢？每次都要复制，好累啊。要是行数能制作成变量然后重复执行就好了……不过我不会啊。

剪刀妹：为什么说"不会"呢？你都还没有试过呢。

喵太郎：变量我会创建，但是怎么重复执行"行数"次我搞不懂。要么我先创建一个变量 [行数] 吧。

剪刀妹：创建好之后在重复执行积木里面再加进去一个重复执行积木就可以了呀。

喵太郎：什么意思啊？能加吗？

剪刀妹：来，你看下面这个代码。最外面的重复执行次数就是 [行数] 呢。

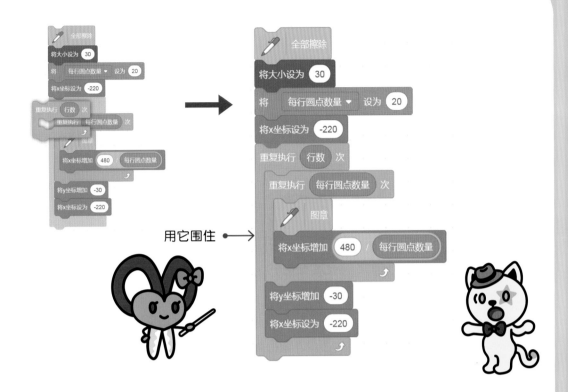

用它围住 ➡

喵太郎：总觉得很神奇啊。

剪刀妹：对了，不要忘了设定行数。如果什么都不设，<u>行数</u>就是 0，会一行也画不出来的。

喵太郎：好，那就改成 <u>将 行数 ▼ 设为 10</u> 吧。

现在我们来依次介绍一下重复执行里面的执行顺序。首先，<u>重复执行 行数 次</u> 就是把它里面的东西重复执行"行数"次。

103

里面的就是用来画一行圆点的代码。画好一行后，

将y坐标增加 -30 会让圆点往下移动，而 将x坐标设为 -220 会让圆点回到最左侧，并开始

画下一行。你明白了吗？

喵太郎：有点明白了。代码可以看成两部分，分别是"画一行圆点的部分"和
"移动到下一行的部分"，这样就比较好理解了。

剪刀妹：是的。要是能养成找出代码中可以重复执行的处理的习惯就再好不过
了。那么，像之前设定左侧的 x 坐标一样，下面来设定一下上面的 y
坐标吧，你会吗？

喵太郎：嗯……这里是从舞台左上角开始画的，所以这时 y 坐标是……101[※]。
那么就在 将x坐标设为 -220 的下面再加上一个 将y坐标设为 101 吧。

剪刀妹：不错！

喵太郎：然后，舞台的高度是 360，所以这里要用高度除以 行数 ，也就是
360 / 行数 这样。

※ 因为是手工拖动的，所以数值可能会有些差别
哦。如果找不到原来的圆点，双击角色列表里的
角色就可以看到了。

接下来会不会顺利
执行呢？点击代码
运行一下吧。

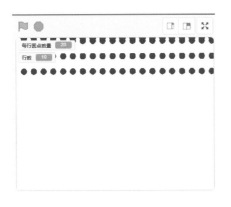

喵太郎：啊！为什么往上走了？往下移动时难道用 360 / 行数 不行吗？

剪刀妹：刚才用的是 将y坐标增加 -30 呢。

喵太郎：原来如此，往下的时候要输入负数啊。怎么办呢？ 360 / 行数 怎么变成
负数啊？

剪刀妹：用 0 减 360 / 行数 ，或者乘以 –1 的方法都可以。不过这次直接往上画
也挺好。

喵太郎：是呢，那么确认一下左下角的 y 坐标吧。是 –166，所以改成
将y坐标设为 -166 就可以了。我点击代码运行咯……啊，完成啦！

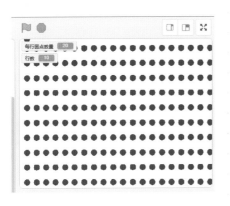

改变纹样的颜色

剪刀妹：喵太郎，你准备好了吗？下面就是重复纹样最有趣的地方了呢。

喵太郎：啊，有点累啊，还没结束啊？

剪刀妹：只要1个蓝色就够了吗？这就想结束了啊？

喵太郎：是啊。可是只有1个蓝色，小喵肯定不满意。我还是加油吧。

剪刀妹：首先我们试试逐个改变圆点的颜色吧。

喵太郎：是用颜色特效积木吧。制作成随机颜色怎么样？

剪刀妹：随机颜色你不是会制作了吗？这次我们按照蜡笔盒子里的顺序，依次改变圆点颜色怎么样？

喵太郎：好啊，好像可以用 [将 颜色 特效增加 25]。

剪刀妹：要想逐个改变圆点的颜色，这个积木放在代码的哪里比较好呢？

喵太郎：嗯，放在图章下面怎么样？

剪刀妹：试一下吧。

哇，颜色排列得好漂亮！

剪刀妹：再试试 25 以外的数字吧。比如改成 1，这样变化会更细致呢。

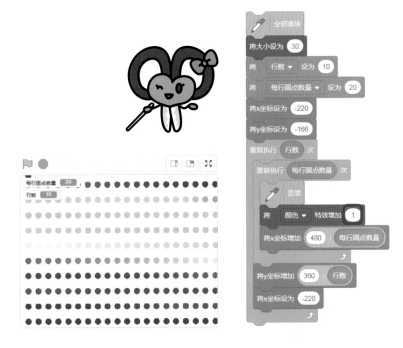

按规律改变颜色

喵太郎：真了不起啊！已经制作出彩虹颜色了。还可以制作其他纹样吗？

剪刀妹：什么样的都可以啊。自己决定规律就可以了，要不下面来制作每 3 个圆点改变 1 次颜色的代码吧？

喵太郎：欸？每 3 个？是不是就要重复执行 3 次啊？

剪刀妹：给你个提示吧。那就是不用想得那么复杂。光是现在这样还不行，首先要创建一个可以统计图章次数的 圆点数 变量。每按一次图章将 圆点数 增加 1 就可以了。

喵太郎：我已经创建好变量 圆点数 了。不过还得在最开始的时候把它设定为 0 吧？所以我在 将 行数 设为 10 的上面增加了一个 将 圆点数 设为 0 。

剪刀妹：不错！然后，在重复执行画每行圆点时还要将 圆点数 增加 1。

喵太郎：好的。把 将 圆点数▼ 增加 1 夹在 ✏ 图章 上面，把刚才用过的

将 颜色▼ 特效增加 25 拆掉。

剪刀妹：好啦，运行这个程序，看看会发生什么吧。

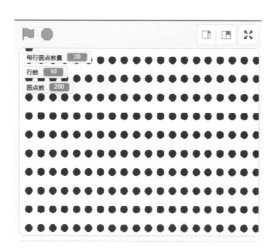

喵太郎：圆点的个数增加了呢。不过要怎么数圆点啊？要是想每 3 个就变 1 次，果然还是要重复执行 3 次吧？

剪刀妹：你知道 FizzBuzz 这个游戏吗？是 3 的倍数的时候就说 Fizz，是 5 的倍数的时候就说 Buzz。

喵太郎：啊，这个知道！就是用除法的余数来玩的一个小游戏。◯ 除以 ◯ 的余数 这个积木还能这样用呀，一直以为这个积木是 FizzBuzz 专用的呢。※

※《Scratch 少儿趣味编程》"数学 FizzBuzz 游戏"中介绍过这个小游戏。

108

在积木 ◯ 除以 ◯ 的余数 里输入数字，将会显示左边的数字除以右边的数字后得到的余数。如果是每 3 个，那么要除以 3，所以要在右侧填上 3，要查的数字则要写在左侧。

如果是第 5 个圆点，就在左边写上 5，点击之后会显示 2。因为除不开，所以不是 3 的倍数。如果是第 9 个圆点，就在左侧写上 9，点击之后会显示出 0，这就是 3 的倍数。把变量"圆点数"加进去，就能看出里面的数字是否能除开。

确认是否能除开需要用到 圆点数 除以 3 的余数 = 0 。如果是 3 的倍数，就 将 颜色 ▼ 特效设定为 50 ，否则 清除图形特效 。这里要用到 如果 那么 否则 。整理好的代码如下所示。

重复纹样

喵太郎：哇，真好玩。原来用这个方法就可以随意调节圆点行数和每行的圆点个数，改变圆点的变化规律啊。这样一来，无论什么样的纹样就都能制作了呢！我还要试试更多纹样。

剪刀妹：如果有好的作品，不要忘了给小喵看看。

喵太郎：嗯，一定会的！

来试试改变圆点大小吧

如果建立一个改变圆点大小的规则，就能制作出更复杂的纹样。

使用各种形状来制作纹样吧

如果只是圆形，那么无论怎么旋转，它都还是同样的形状；但如果是四边形或其他图形，就会通过旋转得到更复杂更有趣的纹样。

按照行或列改变圆点颜色吧

你知道怎么让圆点按行改变颜色吗？想按列改变颜色时又该怎么制作呢？

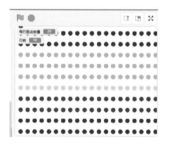

尝试使用克隆功能吧

如果用克隆※积木代替图章，就可以让每组纹样动起来呢，试试看吧。

※关于克隆请参考第49页。

可以沿用自制代码等的"书包"功能

　　如果制作了很多作品，有时候就会想把一些自制代码或角色用于其他作品。这时"书包"功能就会派上用场了。"书包"功能就像我们的书包或者旅行包那样，可以把各种有用的东西放进去，方便我们随时取用。

　　下面打开编辑器左下方的"书包"看一看吧。我们可以把想要保存起来的代码、角色、声音和图像等拖曳到里面去。之后即使在编辑器里打开其他作品，这里的内容也不会受到影响，可以复制到代码区域。

　　要注意，这个书包必须是用户在线并登录的状态下才能使用。

切换显示语言

　　Scratch 不仅可以显示中文，还可以切换成其他国家的语言。点击左上方的 🌐▾（地球仪按钮）就可以从菜单中选择想要的语言。

小猫跳跳

模拟实验是什么

模拟实验就是在一个跟实际状况很接近的环境中进行的实验。有时候，在现实里非常难做到的事要通过模拟实验才可以解决。模拟实验一般是用模型或者计算机等实现的。使用计算机来实现的模拟实验就叫计算机仿真（computer simulation）。

画板哥：你觉得一个物品落下的时候，应该是受
　　　　什么力的作用呢？

喵太郎：应该是向下的力吧。

画板哥：嗯……不好说。我们先在 Scratch 里重现一下物品落下的过程吧。

喵太郎：什么？还能重现落下的过程啊，听着好好玩。

让小猫落下

现在我们要准备一个可以落下的角色，就用这只小猫吧。落的时候是朝下的，所以我们需要制作一个看起来是纵向移动的代码。要想让角色往下落，应该改变 y 坐标（关于坐标的介绍见第 76 页）。似乎可以用 将y坐标增加 10 这个积木。

但是，如果是将 y 坐标"增加 10"，那么角色会往上移动。所以这里应该把 10 改成一个负数，例如 −5。

另外，因为要实现"如果没有碰到地面就反复向下移动"，所以还应该使用 重复执行直到 这个积木。

喵太郎：点击 将y坐标增加 10 里的 10 并选中，然后用键盘输入 −5……搞定。再把这个积木放在 重复执行直到 的开口里面。但是，还没有"地面"呢。而且，"直到"的后面也没有结束循环的条件。

"地面"可以之后再画，结束条件也可以之后再加。没有条件就相当于 false（不成立）的状态，所以代码会一直重复执行。

把 当 ▶ 被点击 放在最上面，按下 ▶ 开始执行吧。

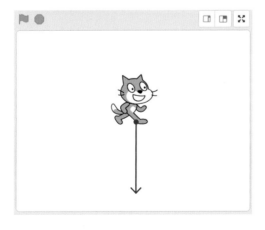

113

喵太郎：运行结束之后，小猫就停在了超出舞台底边一点儿的地方，就像被埋到地里面了一样。把它拖到舞台的最上面，它就会又开始往下落，看起来就像是在掉落。

制作着地时的"地面"

画板哥：接下来，为了不让小猫掉到地里面去，我们要画一个长方形的地面。点击角色列表右下角的按钮，打开绘制新角色的绘图编辑器，通过滑动条设置颜色为35、饱和度为100、亮度为100的绿色，然后选择四边形图标 ⬚。绘图编辑器左上方的"填充"已为绿色，再将"轮廓"设定为无 ╱（红色斜线）之后，就可以用鼠标在编辑器中拖动，画出一个与舞台长度一样长的长方形。

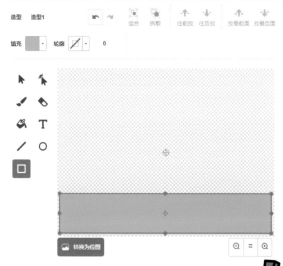

喵太郎：画长方形的时候，我不小心把鼠标松开了，所以宽度有点不太够，要删掉重画吗？

画板哥：先别删。在长方形刚画好的时候，四周会有一些实心的小圆点，可以用它们改变长方形的大小。长方形4个角和4条边的正中间各有4个小圆点，总共是 8 个。拖动小圆点就可以改变长方形的大小了。

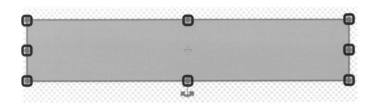

※ 使用箭头工具选中长方形，就可以让框线显示出来。

喵太郎：搞定！我已经拖动左右两侧的小圆点，让长度和整个编辑器的一样长了哟。这个"地面"的名字叫角色 2 [※]。

※ 有时候角色的名字可能是"Sprite（编号）""角色（编号）"等，记得要给它改成真正的名字。

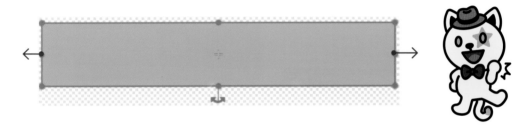

在舞台上确认一下"地面"的位置，如果有偏差，要调整一下。另外，为了不让小猫掉到地底下去，需要先把它移到舞台中间 [※]。

※ 如果"地面"在小猫的前面，遮住了小猫，可以在角色列表里选中小猫，然后执行 ● 外观 分类里的 移到最 前面 ▼ 。这样一来，藏在"地面"后面的小猫就可以显示出来了。

为了把代码补充完整，还需要在 积木里补上条件。那么应该用什么条件呢？

如果是在碰到地面之前重复执行下落，那么就可以用 碰到 鼠标指针 ▼ ？。因为地面是角色2，所以点击 ▼，改成 碰到 角色2 ▼ ？ 就可以了。

把代码组装好之后，将小猫拖到舞台中间，然后执行代码试一下吧。

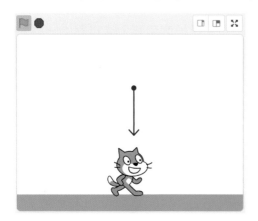

喵太郎：啊，小猫掉下来了。正好到地面就停下来了。我之前制作的游戏就只是把 y 坐标改成了 100[※]，所以感觉现在这个更真实一些呢。但是，与物体实际落下来的感觉相比还是有一些差距。

※《Scratch少儿趣味编程》"体育 百米跨栏"部分讲解过。

观察下落的样子

画板哥：哇，你观察得真仔细。这个运动叫匀速运动，就是按相同的速度移动。代码中的 将y坐标增加 -5 就是在进行"匀速（-5）运动"。为了能让运动过程更清楚一些，我们来制作一个用来观察运动轨迹的"相机"吧。

喵太郎：啊，要用摄像头吗？

画板哥：不，不需要摄像头。直接在小猫的代码上加点东西就可以了。

喵太郎：难道小猫会自己按快门？

画板哥：不是的，要观察小猫的运动，只要每隔一定时间按一次图章复制小猫就可以了。

喵太郎：这样啊，原来是用图章啊。

下面制作一个点击  之后，每隔一定时间就用图章复制一次小猫的代码。先通过扩展功能添加画笔※ 把 📷 图章 和 等待 1 秒 用 重复执行 围起来，再把 当 🏳 被点击 和 📷 全部擦除 放在上面，然后点击 🏳 试着运行一下吧。

※关于扩展功能"画笔"，请参考第51页。

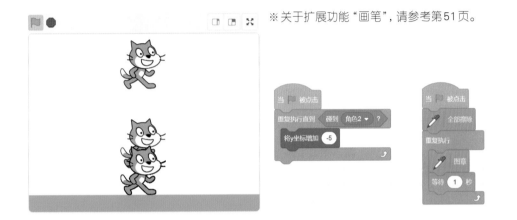

如果 等待 1 秒 ，时间似乎有些太长。那么，试试 等待 0.2 秒 怎么样呢？我们可以多试几次，找出最合适的间隔时间。怎么样？现在能看清运动轨迹吗？

> 有点像连拍照片啊！

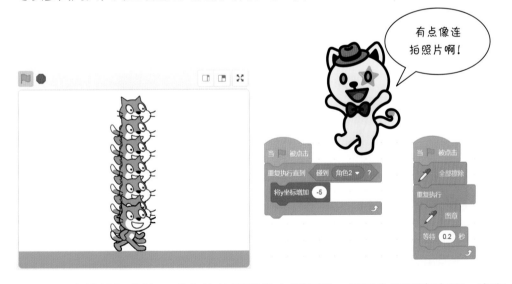

画板哥：你懂得挺多嘛。现在的效果看起来很不错，但是为了观察方便，这次让小猫变成一个标记（小圆点）吧。你先在小猫造型里面添加一个蓝点造型。

喵太郎：嗯……选中小猫，选择 造型 标签，然后点击 绘制 新建一个造型。工具选择，粗细调到 20 左右。设定颜色为 70、饱和度为 100、亮度为 100 的蓝色，在编辑器的正中间画一个点[※]……啊！名字变成"造型 3"了。

※ 画好之后再改变中心的方法见第135页。

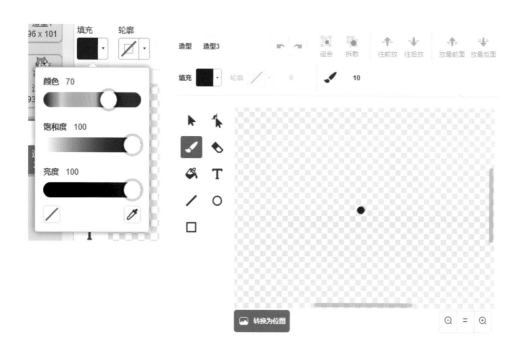

颜色不是完全一样也没问题。

喵太郎：小猫变成一个蓝色标记了！

画板哥：把这个标记拖到舞台上方，点击 ▶ 开始运行一下试试吧。比刚才看得清楚些了吧？除了最后一个蓝点以外，所有蓝点都是以相等间距排列的，这就是匀速运动。最后一个蓝点间距跟别的不一样是因为小猫已经着地了哦。

喵太郎：真的呢，间距都是一样的！怪不得刚开始那个看起来有些不真实。

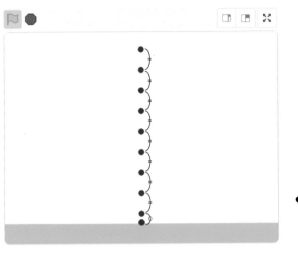

让小猫更逼真地往下落

喵太郎：怎么改变代码，才能让下落动作看起来更逼真呢？

画板哥：思考一下它的原理吧。先看一下这张图，这是一张让小球自然下落，每隔一定时间拍摄一张照片，然后把照片合成之后形成的图片。你有没有注意到什么？

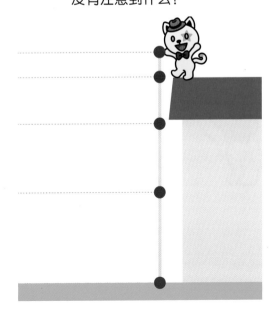

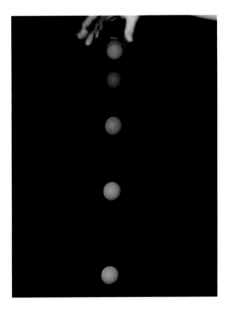

喵太郎：速度越来越快了？

画板哥：是的。为了让你看得更清楚，我按照小球的位置放了一些长方形。

喵太郎：啊，难道是……难道是……我可以把长方形重叠
在一起试试吗？

画板哥：当然可以了！

喵太郎：把长方形上面的边重合在一起……啊，还真是啊！
它们之间的高度差是一样的！

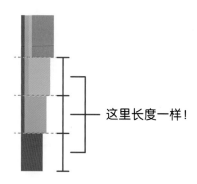

这里长度一样！

画板哥：是啊，这是为什么呢？

喵太郎：因为每段下落增加的速度是一样的！

重力作用

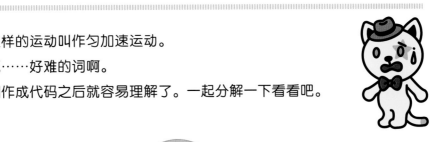

画板哥：这样的运动叫作匀加速运动。

喵太郎：呃……好难的词啊。

画板哥：制作成代码之后就容易理解了。一起分解一下看看吧。

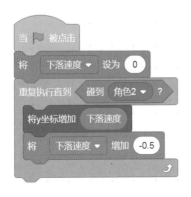

现在代码里的 将y坐标增加 -5 表示的是下落速度。这里的速度 –5 是匀速的。如果是匀加速运动，下落速度会改变，所以要用变量 下落速度 来代替 –5[※]。

※ 变量的创建方法见第63页。

就像刚才喵太郎说的那样，下落速度 是每次增加同样的速度，也就是"匀加速"。要想表现出这个原理，就要用到 将 下落速度 ▼ 增加 -0.5。速度增加值就是加速度，这里试试用 0.5 吧。不过要改成负数才会下降。

还有一个事不要忘记：在开始下落之前是静止的，也就是说最开始要把 下落速度 设定为 0, 所以要在 当 🏳 被点击 下面加上 将 下落速度 ▼ 设为 0。

快点击 🏳 开始运行吧。

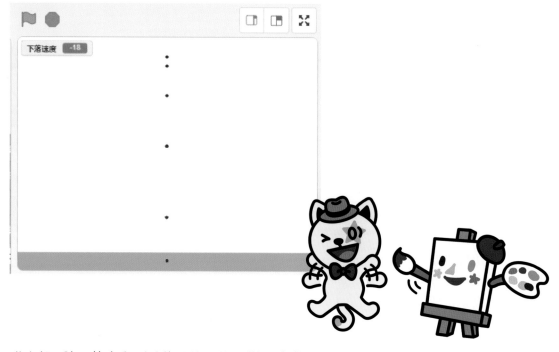

喵太郎：哇，简直和刚才的照片一模一样。感觉比最开始的匀速真实多了！

画板哥：是啊，这次才是真正的匀加速运动。现在打开 🖌造型，把造型从标记换回小猫吧。

喵太郎：好，那就先把小猫拖到舞台上面，然后点击 🏳 开始执行……哇，小猫下落的样子好逼真啊。

画板哥：这就是我们把通过实验观察到的重力用代码模型化之后进行模拟实验得出的成果哟。

喵太郎：但是这里只有下落，而我制作的游戏里是跳啊。这个怎么用在游戏里呢？

画板哥：嗯……喵太郎制作的游戏里是按空格键起跳的对吧？下落的代码已经制作好了，接下来可以用空格键代替 🏳 来控制。为了让小猫不碰地面，还需要把 y 坐标设定为 –50，再把 下落速度 设定成向上的，那么把速度设成 10 试试？

喵太郎：另外，用图章复制的"相机"代码也用不到了，把它也去掉吧。搞定！现在可以加在我的游戏代码里啦！

画板哥：喵太郎，现在是你跳起来了呢。

试试改变一下加速度吧

试试改变 将 下落速度 增加 -0.5 里的数字来实现降落伞、陨石等各种效果吧。

试试加入重力以外的其他力

如果不是落下的方向，而是别的方向的力又会怎样呢？例如，如果加上横向坐标（x坐标）上的运动会发生什么变化呢？该怎么用代码实现呢？

好用的隐藏功能

　　Scratch 里还有很多隐藏命令和键盘快捷键。Scratch 的一大优势是无论是谁都可以使用鼠标轻松地进行操作，而隐藏功能的存在能够让用户的操作更加方便。大家可以在菜单和舞台等各处试试点击鼠标右键，或者选择项目后试试按下常用的快捷键，看看会有什么效果。

　　下面介绍一些主要的隐藏命令。

● Shift 键 + 🏳 （按住 Shift 键的同时点击 🏳 ）

可以进入让 Scratch 加快运行的"加速模式"，但要注意这只是省略了一部分的页面显示，并不是整体加速。

●（点击积木后）Control 键 + C、Control 键 + V ※

可以连续复制选中的积木，在需要多次复制相同代码时比较方便。

※如果是Mac计算机，把这里的Control键替换成command键就可以了。

●（点击积木后）Backspace 键（Mac 为 delete 键）

可以把选中的积木删除掉。如果是复制了整串积木，那么要想删除夹在中间的积木即要逐个操作，这时这个功能就非常方便了。

● Control 键 + Z

这就是所谓的 Undo（撤销）功能。也就是说，对于使用快捷键或其他方式进行的复制、粘贴和删除等操作，以及在移动积木时出现的误操作等，都可以使用这个功能返回到上一步 ※。

※如果是删除了角色，也可以使用编辑菜单中的"复原删除的角色"功能。

●舞台 + 右键

如果点击菜单上的"图片另存为"，可以把舞台效果作为图片文件保存起来。

●角色 + 右键

对于角色，可以使用"删除""导出"和"复制"功能。导出的角色文件包含代码、造型和声音，想把自己做好的角色交给其他人时非常方便。

让Scratch可以调用硬件的"扩展功能"

在 Scratch3.0 页面的左下方可以找到 （添加扩展功能）按钮。点击按钮就会看到除了"音乐""画笔""视频侦测"的面板以外，这里还展示了 Makey Makey、micro:bit、LEGO MINDSTORMS EV3、LEGO BOOST 和 LEGO Education WeDo 2.0 等套件的面板。

这些面板代表了可以扩展 Scratch 功能的硬件。例如，使用传感器电路板 micro:bit，Scratch 就可与电路板实现无线连接，从而使用加速传感器和按钮等功能。关于具体的连接方法和作品的应用实例，在之后的内容中会介绍给大家。

如果你有可以用 Scratch 控制的乐高组件，也一定要试试让 Scratch 的程序在现实世界里动起来。如果再多研究研究，甚至用 micro:bit 来操纵乐高也是可能的呢！

关于每种硬件的具体信息，可以在浏览器中搜索各硬件的名字，进入它们的官方网站查看相应的介绍。

micro:bit 的连接方法

点击 Scratch 页面左下方的 （添加扩展功能）按钮，按下 micro:bit 的面板，这时会打开右图中的窗口。

将 micro:bit 与 Scratch 连接时，需要在支持 Bluetooth 4.0 的计算机上安装名为 Scratch Link 的应用程序，以及调用专用的程序（.hex 文件）。可以点击  帮助 按钮，参考这里提供的相关操作流程。

● 下载并安装 Scratch Link

Scratch Link 的安装环境为不低于 Windows 10 version 1709 或 macOS 10.13 的操作系统（截至 2019 年 6 月）。可以从系统提供的应用市场安装，也可以在浏览器中搜索 "Scratch–micro:bit"，进入 Scratch 官网的 micro:bit 页面直接下载安装。

● 下载 .hex 文件并解压后，复制到 micro:bit 上

可以按照帮助中的操作流程下载 micro:bit 的专用程序，但所下载的这个 .hex 文件是个压缩文件（zip），所以需要解压。选中下载好的 zip 文件，点击鼠标右键选择 "解压文件（A）…"（Mac 的情况下选择 "打开"）。文件的扩展名变成 .hex 后，即可将其直接拖曳复制到用 micro USB 线连接 micro:bit 时显示出来的一个叫作 MICROBIT 的驱动里。

要确认好此时使用的 micro USB 线是能够通信的线缆，而不是用来充电的。如果用充电线连接，是无法显示出 MICROBIT 驱动的。

● 连接

成功调用后打开 micro:bit 的电源，可以看到 LED 显示盘上会显示 5 个字母。

这时回到 Scratch 中，按下 ← 重试 应该就可以识别出附近的 micro:bit 了。如果有多个 micro:bit，则可以参考 LED 显示盘上显示的 5 个字母来选择目标 micro:bit。

这时可以再按下 显示 试试看，确认是否已经连接上了。micro:bit 的硬件图标正常显示出来了吗?

获得micro:bit的方法

micro:bit 单品约 90 元，可以网购或在一些电器店买到。通过浏览器进入 micro:bit 的官网后，在"购买"区可以查看官方授权代理店的购买途径。

● 单品 micro:bit

单品主要适合已经有了 micro USB 线和电池盒等其他配件的人购买。

● micro:bit 套装

套装通常会将 micro:bit 和本书介绍中要用到的组件一起销售，所需的东西已经配齐，只要装上 7 号电池就可以长时间使用了。

用 micro:bit 控制 Scratch

在小猫跳跳的部分中，喵太郎是使用空格键让小猫跳起来的。这里我们可以试一试使用 micro:bit 来完成跳跃的过程。

在 micro:bit 上有 A 和 B 两个按钮，我们就用按钮 A 来指挥起跳吧。把小猫跳跳中做好的代码 当按下 空格 ▼ 键 替换成 当按下 A ▼ 按钮 就可以了。

另外，因为 micro:bit 上带有加速度传感器，所以使用 当被 抛起 ▼ 积木之后，如果现实中拿着 micro:bit 的人跳跃了，那么计算机页面中的小猫也会像他一样跳跃。

大家写好代码以后，就可以拿着 micro:bit 跳一跳试试呀！

micro:bit 与 Scratch 是通过无线通信连接起来的，所以只要配好电池盒，就可以在与计算机离开一些距离的位置正常使用。

自动演奏装置

音乐×实践

制作打击乐器

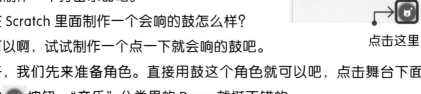

点击这里

剪刀妹：要想训练，首先要制作一个训练工具[※]。我们先制作一个打击乐器吧。

喵太郎：在 Scratch 里面制作一个会响的鼓怎么样？

剪刀妹：可以啊，试试制作一个点一下就会响的鼓吧。

喵太郎：好，我们先来准备角色。直接用鼓这个角色就可以吧，点击舞台下面的 按钮，"音乐"分类里的 Drum 就挺不错的。

※ 如果正在制作其他东西，就先回到 Scratch 的首页，然后点击"创建"。

128

喵太郎：选中 Drum 后，鼓就会显示在舞台上。

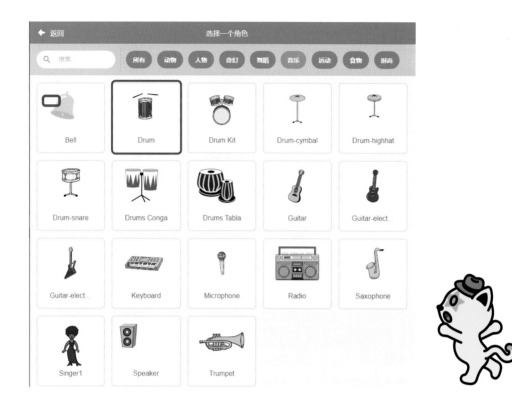

剪刀妹：打鼓就要发出鼓的声音。打开声音的标签 🔊 声音 ，看看这个角色该
配什么样的声音吧。

点击这里

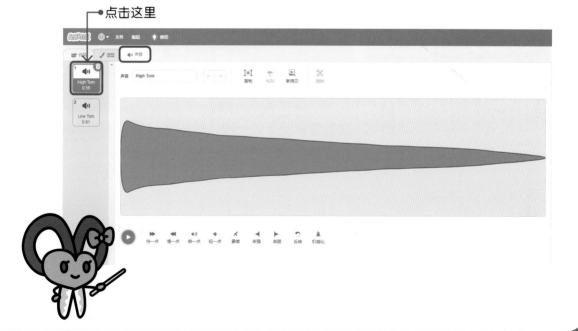

选择鼓的声音

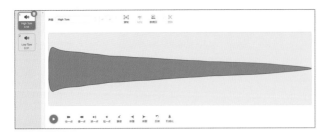

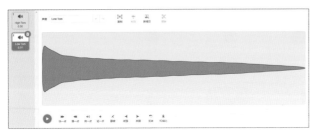

喵太郎：哇，有两个声音啊。如果分别按下 High Tom 和 Low Tom，右边显示的样子会变呢。

剪刀妹：右边的就是声音编辑器。点击左下角的 ▶ 按钮，就可以确认声音。

喵太郎：啊，为什么没有声音呢？

剪刀妹：计算机的设置是不是有问题？你看一下声音打开了吗？

喵太郎：原来是因为屏幕右下角的扬声器设置成了 🔇，要点击一下改成 🔊。这样就能听到声音了，音量也调好了……啊，果然是有点不一样的鼓声。和播放按钮同一排的这些按钮都是什么呀？

剪刀妹：你按一下试试嘛。

喵太郎：按下"机械化"之后上面的样子变了，声音也不太一样了。

剪刀妹：没错，因为声音被加工处理过了。

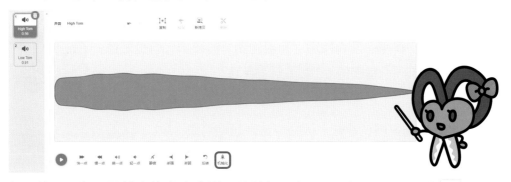

剪刀妹：现在用最基本的声音来学习比较好理解，所以按一下上面的 ↰ 按钮，返回到最初状态吧。

喵太郎：刚才点了好多个按钮，声音变得好奇怪，点了这个就完全回到最初的声音了。

剪刀妹：咱们先来试试 High Tom 吧。虽然我觉你来打鼓的话肯定不是这种声音……

喵太郎：就是使用积木来让 High Tom 响起来呗？不过具体要怎么做呀？

剪刀妹：呀，你还没有使用过声音的积木呢。这个嘛，要用 ⬤ 分类里的 播放声音 High Tom ▾ 积木。如果不是 High Tom，可以点击声音名字右边的 ▾ 来选择。

喵太郎：我已经把 播放声音 High Tom ▾ 积木拖到代码区了哟。

剪刀妹：在上面加一个 当角色被点击 试试看吧。

喵太郎：好。啊，点击鼓以后鼓就发出声音了！看起来可以用它来练习呢。

自动演奏装置

小猫碰到鼓时响起鼓声

剪刀妹：下面该制作"不是鼠标点击，而是当小猫碰到鼓时鼓才发出声音"的代码了。

喵太郎： ⬤事件 分类里面没有检测"是否碰到"的积木，但是好像可以用 ⬤侦测 里面的 碰到 鼠标指针 ▾ ? 吧？

是的。一起来试试看吧。因为发出声音的是鼓，所以 碰到 鼠标指针 ▾ ? 应该放在鼓的代码里。如果没有选中角色列表里鼓的图标，就要点击鼓的图标切换一下角色。

"碰到 ××"要点击 ▾ 选择，这里应该选择小猫，也就是角色 1※。

下面来确认一下运行情况吧。把舞台上的鼓和小猫分开，再点击一下 碰到 角色1 ▾ ? 试试。会显示出什么呢？

※ 角色的名字也可能是"Sprite（编号）"。选择的时候，实际是什么名字就选择什么名字。

喵太郎：如果小猫没碰到鼓就会显示 false（不成立），碰到了就会显示 true（成立）。原来如此，这样就可以分辨是碰到还是没碰到了。然后把它和 如果◆那么 组合在一起，也就是"如果碰到角色1那么播放声音 High Tom"。

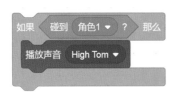

剪刀妹：用 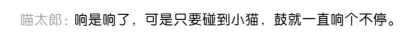 把 围起来，在最上面加上 被点击 就可以了。
点击 来确认一下吧。

喵太郎：响是响了，可是只要碰到小猫，鼓就一直响个不停。

制作成每碰到一次只响一声的效果

喵太郎：我想要小猫碰一次鼓"咚"一声的效果，而不是碰一次就一直响，这样的话只能用 等待 1 秒 了吧？

剪刀妹：等待也是一种办法。但如果用 等待 1 秒 ，1秒钟以后鼓还会再响。如果想制作成碰一次响一声的效果，可以让代码在小猫没碰到鼓之前一直等待。这种情况下用 等待 这个积木就挺好。

喵太郎：没碰到鼓之前一直等待？虽说有 碰到 角色1 ？ 的积木，但没有"没碰到"呀，这个实现不了吧？

133

剪刀妹：不会的！你找一下 ⬤运算 分类，有个 不成立 积木呢 。
跟这个积木组合起来后，就可以像 碰到 角色1 ？ 不成立 这样
做出一个"没碰到"条件了。

喵太郎：真的呢！意思相反了呢！我还以为运算就是计算数字的意思呢，没想
到还能用来改变条件呀。我把这个加进去以后代码就制作完成了。

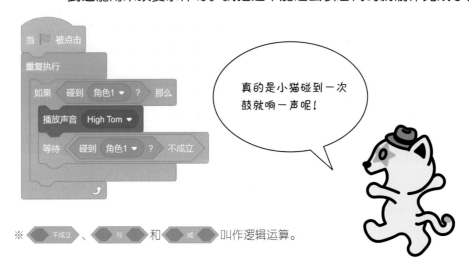

真的是小猫碰到一次
鼓就响一声呢！

※ 不成立 、 与 和 或 叫作逻辑运算。

制作自动演奏装置

剪刀妹：不错嘛。下面该制作自动演奏装置啦。

喵太郎：自动演奏？小猫碰到鼓后，鼓就会发出声音……啊，我知道了！就是
让小猫自己走来走去，它一碰到鼓，鼓就发出声音这样对吧？

剪刀妹：对的。让小猫按画圆方式在舞台上走动怎么样？就像这样……并且让
它一碰到鼓，鼓就发出声音。

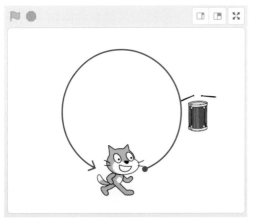

喵太郎：就像是小猫在一边跑一边演奏乐器呢。

剪刀妹：还可以制作各种各样的声音。

喵太郎：但是，怎么才能让小猫按画圆方式前进呢？

用 左转 15 度 积木怎么样？但是如果只用这个，小猫只会在同样的地方来回转。还要改变角色的中心，才能让它转圆圈。

点击 造型 打开小猫造型后选择 工具，然后用鼠标框选小猫的周边。整个造型被蓝色的方框包围后，通过拖曳就可以让它移动了。我们把它稍微往下移一些吧。

原本小猫造型的底下有一个隐隐约约的 图标，现在看到了吗？那就是造型的中心点。角色的坐标和旋转中心都是以它为基准的。

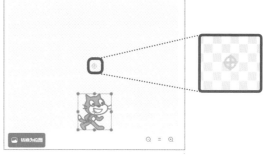

喵太郎：哇，小猫往舞台下面移动了。那就让它动一下试试吧。把 左转 15 度 用 重复执行 围起来，再加上 当 被点击 积木，然后点击 。啊，真的走了个圆圈！

剪刀妹：而且小猫一碰到鼓，鼓就会发出声音呢。

喵太郎：真的呢。小猫开始一边来回跑一边敲鼓了。

制作出节奏来

喵太郎：一个鼓好像不太够呢。

剪刀妹：嗯，我们也可以制作一个简单的节奏。把制作好的鼓复制几个怎么样？复制 4 个鼓，就可以制作出来简单的节奏了。

喵太郎：好……我已经在角色列表中通过右键点击 Drum 复制好 4 个鼓了。基本的节奏就是"咚，咚，咚，咚"4 拍吧。啊，如果 4 个鼓都放在小猫经过的路上就显得太大了，我把它们变小一些吧。

喵太郎：这些鼓总是排列不好……节奏有点不对。

剪刀妹：可以用代码把它们排列好，不过稍微有些变化也挺好听的。大概整理好之后，就可以再加入其他声音了。

增加鼓的种类

喵太郎：在现在的声音之间再加上一些小的鼓声吧。比如"咚，嗵，咚，嗵，咚，嗵，咚，嗵"这种节奏。

剪刀妹：那样的话也可以再加一些别的鼓啊。用其他角色吧，Drum-snare 怎么样？声音就用 tap snare 吧。

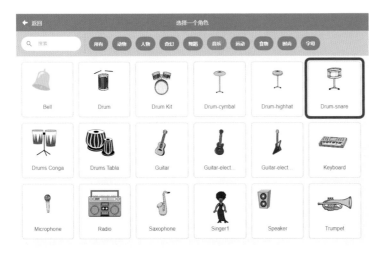

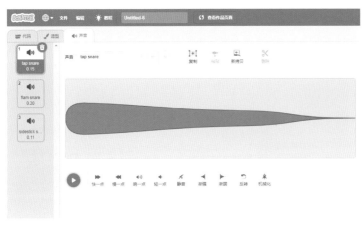

喵太郎：方法跟 Drum 一样，我已经制作好 Drum-snare 的角色了哟，编号自动就改变了。我把这个鼓稍微调小了一些，就叫它"小鼓"吧。声音 tap snare 也加进去了。代码还要再制作一次吗？

剪刀妹：代码直接复制过来就可以了。拖动之前代码里面的 🚩，放到小鼓的图标上之后松开就可以了。

喵太郎：这个真方便！我已经把代码复制过来了，还点击 播放声音 High Tom ▾ 的 ▾，把声音改成了 播放声音 tap snare ▾。哇，响起"嗵"的声音了！

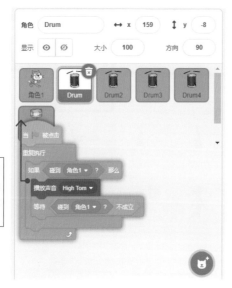

复制目标的角色如果摇晃了，就可以松开积木了

改成 tap snare

剪刀妹：不错啊。把小鼓也加上吧。

喵太郎：我复制了 4 个，还排列了一下，不知道怎么样。运行一下试试吧……

啊！响起"咚，嗵，咚，嗵，咚，嗵，咚，嗵"的声音了呢！

剪刀妹：不错嘛。可以用这个方法再增加更多声音，这样就可以增加不同的节奏了。节拍可以通过改变小猫的行进速度来调节。另外，如果没有声音的角色或声音不足，还可以点击  按钮导入新的声音，进行更多的尝试呢。

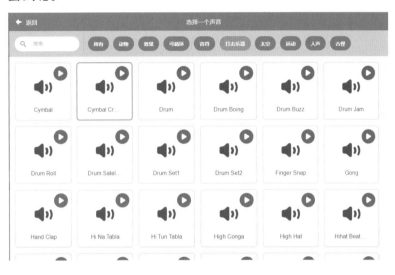

鼠标指针接触到声音的面板就会播放声音，按下的话则会直接导入。

喵太郎：但是，我自己能敲得好鼓吗？

剪刀妹：这个嘛……就要看你练习得怎么样了。另外，我比较喜欢现在这个节奏。你也可以试试其他节奏。

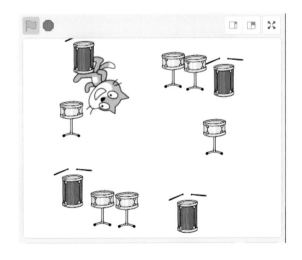

拓展课题 **1** **复杂的节奏**

　　如果把鼓变小，就可以放入更多的乐器。如果向小猫的中心点画线，那这里也可以敲起鼓来呢。来试试看吧。

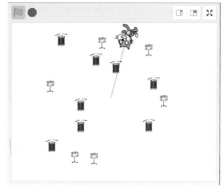

拓展课题 **2** **原创鼓**

　　Scratch 还可以借助麦克风来录制声音呢，这样就可以制作出自己独创的声音了。首次使用麦克风时会和相机一样出现警告提示，在这里点击 允许 就可以了。

拓展课题 **3** **播放乐句**

　　如果使用声音库"可循环"分类中的声音，就可以用声音样本制作简约（minimal）音乐那样的更酷的曲子。

如何自制积木

在制作代码的时候，经常会出现同样的积木的组合。这种情况下我们可以自己把这个组合做成新的积木。

点击 里的 制作新的积木 按钮，会先提示输入新积木的名字，输好名字后按"确定"就可以得到新积木。这时代码区里会显示一个"定义 积木名"的积木，在这下面就可以正常编辑代码了。做好的积木也可以像其他积木一样正常在代码中使用。

下图中就是制作出了 积木，按下空格键就可以执行的代码。

成为 Scratcher 吧

在 Scratch 网站上完成注册后，用户级别是
Scratcher 新手。在个人信息页里，自己的账号名
字下面会显示出自己的级别。

如果坚持在 Scratch 上制作作品，就可以升
级到 Scratcher（"Scratch 爱好者"的意思）了哟。要成为 Scratcher，需要共享作品、评论别人的作品，或是点击首页的"讨论"去访问论坛并投稿等，也就是说要为社区做贡献。但要注意，不要仅仅为了提升用户级别而随意评论或是强制要求别人评论。

使用micro:bit控制自动演奏装置

　　micro:bit 的加速传感器可以检测到 micro:bit 的倾斜状况。我们通过这个功能，试试用"倾斜控制器"来演奏自动演奏装置的效果吧。

　　先找到　向 前 ▼ 倾角　积木。把 micro:bit 按照第 125 页介绍的方法连接好以后，在倾斜的状态下点击这个积木看一下效果。之后再试试　向 右 ▼ 倾角　的效果。

点击　向 前 ▼ 倾角　时：

向前倾斜时

基本呈水平时

向后倾斜时

点击　向 右 ▼ 倾角　时：

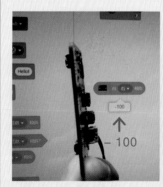

向左倾斜时

基本呈水平时

向右倾斜时

　　尝试一下就会发现，如果向下页图那样分别向前、后、左、右倾斜 90 度，结果会显示 100（或 –100）。

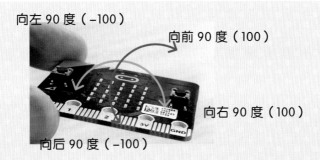

向左 90 度（–100）
向前 90 度（100）
向右 90 度（100）
向后 90 度（–100）

下面我们就试着用这个功能，改造一下自动演奏装置的代码吧。

首先向左右倾斜，然后再试试改变演奏小猫的旋转角度。把 向 右 ▼ 倾角 放入 左转 ↺ 15 度 里面。

向左右倾斜时，随着小猫旋转角度的变大，敲鼓的节奏也会变快。而且如果仔细观察，就会发现某些情况下，例如倾斜角度很大时，有的鼓可能会在小猫旋转的过程中被跳过，没有发出声音。

再使用 声音 分类中的 将 音调 ▼ 音效设为 100 积木试试看。这是用来给鼓添加效果的，能够通过改变数字来变换鼓声的音调。在这里，它与 向 前 ▼ 倾角 组合在一起使用，就会呈现 将 音调 ▼ 音效设为 向 前 ▼ 倾角 的效果。

在把这个嵌入 重复执行 的开口里，做好后再来倾斜 micro:bit 试试看。鼓声的音调有什么变化吗？

如果已经加入了很多面不同的鼓，可以每种只留下一面，分别加好音调积木后再重新复制出来。另外，如果你想让演奏变得更方便，或是做出什么有意思的效果，还可以把倾斜的积木和运算的积木用各种方式组合起来，挑战各种不同的可能！

编程教育的新探讨

如何借助Scratch激发孩子们自身的创造能力

米切尔·雷斯尼克 大卫·西格尔

本周[1]，Hour of Code 2015 拉开了序幕。这个活动每年都会举办，旨在让世界各地的学校用至少一小时的时间向学生们介绍编程（即计算机编程），并请他们亲身体验编程。在 12 月 7 日至 12 月 13 日这一周里，将有几百万名学生跟随 Hour of Code 网站上的特别课程进行自己的初次编程。除了这样的入门编程，还有越来越多的学校开展更多的活动。越来越多的城市（包括纽约市），甚至整个国家（包括英国）都在将编程列入学校里的必修科目。

我们支持孩子们学习编程。然而，在这样的热潮背后，人们开设编程课程的动机和教学方式又非常令人担忧。这是因为，他们教授编程的出发点更多源于业界内程序员和软件开发人员的不足[2]，所以才大力引导学生们通过学习获取计算机学科方面的技能，并从事编程工作。在这种背景下，对学生而言，编程只是一套逻辑游戏而已。

为了支持和促进不同于以往的做法，我们在 2013 年创办了 Scratch 基金会。对于我们来说，编程并不是单纯的技术能力的结合，而是一种新型素养和表达方式。所以，应该像学习读写那样，让它对所有人都大有价值。也就是说，编程是人们整理思路并表达和分享出来的新方式。

为了将这样的想法具体体现出来，我们麻省理工学院媒体实验室开发了可在线使用的免费 Scratch 编程环境。8 岁以上的孩子们可以通过 Scratch 组合图形积木，以人机交互的形式来创作卡通角色游戏。而使用

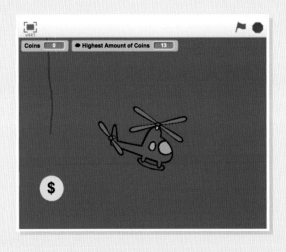

Scratch 创作出来的作品可以在 Scratch 的在线社区分享。在这个社区里，还可以试用其他人分享的作品，向作者反馈感想和建议，甚至可以相互借鉴创意来改造和扩展原有作品。

自 Scratch 于 2007 年面世以来，世界各地的孩子们共享的作品已经超过 1100 万份，而且现在每天的新增作品也超过 17 000 份。

孩子们正在家里、学校、图书馆、社区中心等各种地方使用 Scratch。通过创作并分享作品，孩子们学习到了超越编程技能本身的更多东西。他们正在学习创造性思维能力、系统性分析能力、协调动手能力等当今社会必不可少的重要能力。

这里给大家讲一下乔斯琳的故事。她是一个十几岁的小姑娘。在过去的两年里，她用 CrazyNimbus 这个用户名公开了 200 多份编程作品。她的开发内容既有直升机飞行游戏，也有各种人偶换装游戏，还有会跳舞的铅笔和计算器的开学动画、感恩节倒计时动画等，非常丰富[3]。

乔斯琳最开始接触 Scratch 是因为想要学习创作游戏的方法，但现在更吸引她的是交流的魅力。乔斯琳告诉我们说："我第一次把做好的作品分享出去的时候，马上就得到了反馈……这让我想一直不断地编程。"

从编程需要的思考能力来讲，Scratch 与其他编程方法相似，也需要系统性的逻辑思考。对于乔斯琳来说，在编程的时候，为了解决各种问题需要学习各种策略。例如，为了实现复杂的功能而把想要做的事情分解成简单的部分后，如果这些部分组合起来后效果和想象的不一样，就需要反复调整和修改。

Scratch 有别于其他编程方法之处在于，由孩子们实现创造性的表达，并且非常重视让孩子把作品共享出来。例如，乔斯琳使用 Scratch 为朋友们制作了互动生日卡，还在生日卡里为每位朋友附上了不同的动画。而且，乔斯琳还制作了互动教程来教其他孩子如何定制情人节卡片[4]。

"我需要计算机这种表达方式,"乔斯琳说,"我特别喜欢把作品共享出来,然后看看大家都怎么想!"

非常遗憾,现在大多数编程学习活动都不是像这样以激发创造性为目标的。很多初级编程培训班会让学生编程实现一个虚拟角色一边躲避障碍物一边到达目标。虽然这种方法可以让学生在一定程度上掌握一些基本的编程概念,但这对于激发他们自身的创造力并没有帮助,长远来看也无法引导他们更多地参与编程。这与在作文课上只教学生语法和标点符号的用法,却不给他们机会去写自己的故事是一个道理。而我们的目标是让年轻人可以通过 Scratch 熟练编程。不能只学习编程的原理和概念,更要学会如何通过编程表达自己的想法。

在孩子们借助 Scratch 表达自己的过程中,他们自己的思考角度也会开始发生变化。这就跟学习写字一样。巴西教育家保罗·弗莱雷认为写字不仅仅是实用技能。他一直致力于在穷人区教人读写的活动。这不仅仅是为了让他们找到工作,而是"为了让他们能够重塑自我"。

我们一直希望孩子们能在使用 Scratch 编程的同时重塑自我。乔斯琳以及其他 Scratch 社区的成员们已经不再把自己看作单纯使用别人制作的软件的用户了。他们开始把自己看作能够用计算机创作出自己作品的创造者。乔斯琳说"自己的人生都被改变了"。在当代社会,数码技术已经成为可能性与进步的象征。在使用 Scratch 创作作品并共享的过程中,孩子们逐渐发现自己能够积极地全力地贡献社会。

如果编程可以真正改变孩子们的人生,那我们就不能仅仅把编程看作一项技术能力或者获得技术类工作的手段,而要超越这样

的简单认识。对于教育家、家长、政策制定者以及所有人来说，需要慎重地思考教给孩子们初级编程时的目标与战略。根据麻省理工学院媒体实验室的研究，我们建议教授初级编程时遵照如下四点。

项目（Projects）：为孩子们提供机会，引导他们把自己最初的想法变成可以与人分享的作品，让孩子们拥有更加有意义的作品（而非单纯地完成逻辑游戏）。

同伴（Peers）：鼓励他们与朋友协作与共享，帮助孩子在其他人的作品基础上创作出新的作品来。编程不能是一项孤立的活动。

热情（Passion）：肯定孩子从自身兴趣出发创作作品。只有这样他们才能更长久更努力地坚持下去。而且，他们还可以在这个过程中学到更多的东西。

游戏（Play）：鼓励轻松试错。鼓励他们尝试新事物、消除风险、挑战极限，让孩子们从失败中学习和成长。

如果教育工作者和其他人都从这四点出发来面对孩子们，那编程就不仅是单纯的教育新时尚，而是潜力巨大的读写技术和个人表达手段了。

米切尔·雷斯尼克负责美国麻省理工学院媒体实验室的致力于研究新型学习方式的"终身幼儿园"研究组，同时还任乐高的帕尔特教授。大卫·西格尔在美国的投资公司 Two Sigma 任算法投资经理。他们两人创立了非营利性组织 Scratch 基金会。

1　本文原是博客平台 Medium 上的一篇文章，发表于 2015 年 11 月 10 日。此次翻译已获得作者等相关人员的同意。

2　在浏览器中搜索 Promote Computer Science 可查询相关文章。

3　这些作品可以通过在 Scratch 官网上搜索作品的英文名字来查看。

直升机飞行游戏
The Helicopter V2.2 – Faster Helicopter
换装人偶游戏
Dress Up – Me! remix remix
开学动画
~Back to School: Here We Go!~
感恩节倒计时动画
Thanksgiving Countdown 2015!

4　这些作品可以通过在 Scratch 官网上搜索作品的英文名字来查看。

互动生日卡
Happy Birthday, kookookat!
为各位朋友制作的附带动画的生日卡
Happy Birthday, wildweasel! (Bday Cake Club)
定制情人节卡片
~Valentine's Day Card~

Scratch是创造性学习的工具

MIT媒体实验室教授

米切尔·雷斯尼克
访谈

我们有幸采访了美国麻省理工学院（MIT）媒体实验室的米切尔·雷斯尼克教授[1]。30年来，雷斯尼克教授一直从事编程教育工作，通过与各方合作促成了Lego Mindstorms（乐高机器人）、Scratch等创新项目。本次访谈主要就Scratch新版（Scratch 3.0）升级的目的和新功能进行了深度交流，并就雷斯尼克教授的著书《终身幼儿园》[2]中介绍的教育理论，和日本2020年即将

全面推行的编程教育必修化等相关话题展开了探讨[3]。访谈由日本Scratch第一人——日本青山学院大学特任教授阿部和广提问，由MIT媒体实验室博士研究员村井裕实子担任英日语翻译。

在小学推行创造性学习

——日本将从2020年开始把编程作为小学阶段的必修课，可以预见Scratch将会得到更广泛的应用。在最近的Scratch Conference上，您强调了《终身幼儿园》中介绍的培养创造性思维能力（即4P[4]，项目 = Projects、热情 = Passion、同伴 = Peers、游戏 = Play）

的重要性。如果要在学校教育，换句话说想要在小学教育中实现这个4P的话，该如何具体操作呢？

雷斯尼克教授（以下简称**教授**）：所谓4P，是创造性学习[5]的基本原则和指导方针。我们先来说说创造性学习的重要性吧。

这个世界的变化速度越来越快，要想在如此日新月异的社会中生存下去，需要具备通过创造性思考来灵活应对变化的能力。也就是说，创造性思维（Creative Thinking）是尤为重要的。如果只是把一些已经确定的事实和思维方式灌输给孩子，就无法帮助他们做好在新时代中的生存准备。而提升创造性思维能力，开展创造性学习是非常有效的。这个过程中的重要原则和指导方针就是4P。

我们认为4P正是引导孩子们展开创造性思考的指南针——在自己感兴趣的项目上与朋友一起愉快地合作，有助于让孩子们获得创造性思维能力。

——对于有过工作坊实践经验的人，比如参加了本次Scratch Conference的各位来说，4P的重要性不难理解，但今后在小学中它能否被广泛实践、是否存在一些困难，您怎么看呢？

教授：关于4P的实践，我认为有两个重要的方面：其一是共同目标，其二是实践方法。而第一项共同目标是最重要的，要实践这一项需要相关人员对创造性学习的充分理解。也就是说，需要让所有与之有关的人都能充分理解创造性思维的重要性，并且赞成让孩子们具备这样的能力。只有这样，我们才能顺利地践行相应的实践方法。反之，如果没能达成共同的目标，则没有思考实践方法的意义。而实践方法无法正常开展的困境，大多是没有达成共同目标造成的。

创造性学习螺旋（螺旋状学习过程）

而对于第二项，即实践方法来说，我认为学校的机制是比较大的障碍。例如孩子们要在课上编程，但一节课最多只有50分钟，要在时限内完成可能会比较困难。也就是说，课堂的时限和课时数这类学校机制的基本组成部分，从现状上讲是对4P实践的限制。

不要等到尚有余力才开始

——对于您说的目标有些疑问。我们非常理解创造性思维的重要性，但日常的教学大多会以"教到某种程度就告一段落"为大前提。如此一来，创造性学习往往只有在"尚有余力"时才会展开。

教授：的确如此。多数情况下人们认为创造性学习只是附加在传统学习之外的。这是因为一些人认为传统学习和创造性学习是

149

两件事，但实际并非如此——传统学习的过程本身就应该成为创造性学习的过程。

例如在学习数学的时候，经常有一些老师会指导学生先学习变量，然后通过创造性学习制作相关的作品。但实际上如果通过在创造性学习中制作作品的过程来学习变量这个概念，通过自己喜欢并且感兴趣的过程来完成学习，那么就能把概念理解得更深刻。

日本即将在学校开展编程科目，如果能在课程中充分利用 Scratch 当然非常好。如果在此基础上能用于对孩子们来说更有意义的项目，那就更好了。假设只是用 Scratch 来画一些简单的图形，那估计很难调动起孩子们的兴趣来。

但如果换一种方式，例如是不是可以试试制作两个动物比赛的游戏呢？为了制作游戏，就需要指定或是计算动物的运动速度，这时就需要用到数学的元素了。也就是说，可以考虑通过这种对于孩子们来说更有意义的形式，把编程项目加入教学之中。

这种方式对老师们也是非常有利的，因为这样有助于调动孩子们的学习积极性，可以节省很多教学精力，而节省出来的精力还可以用于为孩子们提供协助。

关于实践方法，我再来举一个例子吧。在教给孩子一门语言的时候，通常会教授语法、发音方式、拼写等知识。但如果只是掌握语法、发音和拼写，是无法自己构思文章或交流的。记住语法、发音和拼写当然很重要，在此基础上表达自己的想法并进行交流也是非常重要的，而我正是希望通过编程，他们能提高这方面的能力。

Scratch 不是一个单纯的软件，而是伴随交流的学习工具

——在日本，Scratch 通常被认为仅是一款编程软件，但如果来参加 Scratch Conference 就会发现，Scratch 得到了很多人的拥护：大会的参加人员、将 Scratch 网站当作社交媒体使用的用户、ScratchEd 社区上那些使用 Scratch 进行教学的老师们[6]、传授创造性学习相关思维方式和方法的在线讲座 Learning Creative Learning（LCL）的参加者们，等等。那么，为什么 Scratch 并不是一个单纯的编程软件，而是一种形成了生态系统的编程环境呢？

集雷斯尼克教授教育理论之大成的
《终身幼儿园》

教授： 关于用户之间的交流，我在之前介绍创造性学习螺旋及 4P 的时候已经介绍过其重要性了，这里重点回答关于教学人员社区的问题。正如之前所讲，在 4P 的实践中，共同目标及其基础之上的实践方法是非常重要的。而面向从事教学的人士提供这两方面的支持时，只是单方面地告诉他们要做什么是远远不够的。我们需要把为教学人员提供支持的工作也作为学习过程的重要一环。这个学习过程与引导孩子们的学习是一样的，不能只是教授步骤 1、步骤 2 和步骤 3 这样的简单顺序。

学习过程对于教学的人来说也是要不断持续的。为教学人员提供这种相应的支持，才能不断引入新的教学手法及实践方法，进而改善学习过程。支持的方式有很多种，我出版的图书《终身幼儿园》是其中之一，而 ED 或 LCL 也是。这些都是今后将持续支持相关教学人员的工具。

作为生态系统的 Scratch

——近年来经常有人跟我说："能让 Scratch 在日本如此普及真是太厉害了，您的工作做得很成功！"但我总是感觉现实情况是相反的，甚至感觉与以前相比，状况更差了。

教授： 哪方面状况变差了呢？

——运用的方法。随着 Scratch 的不断普及，它不是作为编程环境、生态系统来使用，而是完全脱离出来只是单纯作为编程软件的情况越来越多了。不仅如此，"用了 Scratch 就是有创造性的"这样的误解也越来越多了。对于一些人这种缺乏创造性的"应用"，我们该如何让他们理解 Scratch 是一种需要与社区和思考相结合的环境呢？

教授： 首先要让大家理解 Scratch 不是一个单纯的软件，而是创造性学习的工具。然后还要传达给大家：它也是一种教育理念，是一种手段、是一门哲学。

而普及这种教育理念，要比推广单纯的软件困难很多。即使是这样，我们也要迈出第一步——让大家深刻理解"单纯的软件"与"用于创造性学习的工具"之间的区别。为此，需要把结合 4P 运用 Scratch 的价值充分传达给大家。

明确了这个区别后，大家才能在实际中灵活应用。当然，这也是很艰巨的目标。因为按照已有的方法在系统中导入一个软件是非常容易的，而改变已有方法，导入新的技术并有效应用它，就很困难了。

但新的技术蕴含无限可能。如果新技术让你感觉到"哇，太棒了！"，那你很容易就会想要试着去改变已有的方法，不是吗？所以我认为介绍 Scratch 这类新技术的过程，是一个让大家重新思考现有方法的机会。当然，即使没有 Scratch，我们也希望大家在这方面有所思考，但 Scratch 能够更好地帮助大家开拓思维方式，引导大家重新思考。

为了让大家接受新的工具

——在这种时候有的老师可能会认为："我们已经不需要新技术了，因为我们早已经引入了创造性教育的手法"。比如使用黏土、写作或做一些和音乐有关的事情之类的。这些也是非常有创造性的吧？

教授：这些活动也非常好，我希望的并不是取代这些活动。

——但是，似乎对于很多人来说，只有把"已有方法"与"新技术"对立起来才比较容易接受。比如说甚至还有些人会反感使用计算机，这该怎么办呢？

教授：相对来说计算机还是比较新的事物，可能有一些人感觉搞不明白它的原理，所以还不愿意接纳。在几百年前，颜料和水彩画也是全新的事物。而在古时候，纸张也是新技术。如果说更古的时候，语言本身也是新的工具。实际上每当新技术出现的时候，我们都会逐渐把它接纳到自己的生活之中。当然并不是所有的技术都是好的，也有一些是需要回避的。

这里我们来做一个小测试吧。你能从电视、计算机和毛笔中选择一个与另两项差别最大的一项吗？

——我想很多人会选择毛笔。

教授：是的，很多人会选择毛笔。因为毛笔之外的两项是在 20 世纪发明电以后才开始使用的。但我认为电视才是与另两项截然不同的，因为使用毛笔或计算机可以完成一些作品，而电视却无法创造什么。

我们在运用计算机创造的时候，一定要认识到这是与毛笔有着相同属性的事物。如果把它想成和电视一样的东西，可能就无法顺利创造了吧。我想，不愿接纳计算机的老师们大概是把计算机想成类似电视的事物，而没有认识到它其实是毛笔那样的事物。

（新技术）Scratch 更好地帮助大家开拓思维方式，引导大家重新思考

努力普及 Scratch 3.0

——请您介绍一下 Scratch 3.0 的特征和其目标。

教授：Scratch 的新版本加入了"怎样创作、创作什么、在哪里创作"的相关扩展内容。

关于"怎样创作"的部分，增加了动画教程。通过这个教程可以对 Scratch 的各种功能有所了解。对于"创作什么"的部分，通过使用 Scratch 3.0 新增的扩展功能可以创作以前无法实现的作品。而"在哪里创作"则是指兼容各种设备。除了台式计算机以外，也可以在平板计算机上使用。

——在 Scratch 3.0 中，将过去"脚本"选项卡的名字变成了"代码"。我认为这是很大的变化。在日本，除了专业人士以外，基本不太熟悉"代码"这个词。能介绍一下修改这里的理由吗？

教授：这是因为我们认为对于现在的孩子们来说，"代码"比"脚本"更容易接受一些。如果在 10 年前，应该是不会用这个词的。在英语圈里，code 这个词以前基本上属于技术用语，但在近十年来，这个词对于孩子们来说已经是日常用语了。我们认为选用熟悉和亲切的词汇也是非常重要的。

1　本访谈是在 Scratch 官方活动 Scratch Conference 2018（2018 年 7 月 26 日 ~7 月 28 日于美国波士顿召开）结束后进行的。

2　赵昱鲲、王婉译，浙江教育出版社，2018 年 7 月出版。

3　本访谈发表于日经 trendynet（2018 年 10 月 11 日）。

4　所谓 4P，是指为了使孩子们可以得到创造性的学习体验，成长为创造型思考者（Creative Thinker），由雷斯尼克教授的研究团队所倡导的四项指导原则，具体包括项目（Projects）、热情（Passion）、同伴（Peers）和游戏（Play）。他们认为"培养创造力最好的方法是支持那些基于热情、与同伴合作、以游戏精神从事项目的人"（引自《终身幼儿园》）。

5　为促进创造性学习，雷斯尼克教授等人提出了创造性学习螺旋的说法，用来描述想象（Imagine）、创造（Creative）、游戏（Play）、分享（Share）和反思（Reflect）不断重复的创造过程（螺旋状学习过程）。

6　ScratchEd
一个 Scratch 教育者的在线共享社区。

来玩得更加有意思吧!

亲手创作作品是不是很有趣?

有点儿没过瘾? 还想再这样那样?

如果你想到了好创意, 就一定要试试看!

我们为大家留出了很大的创作空间呢!

这种创作和学校的考试不一样, 答案并非只有一个,

完成作品也不是我们的最终目标。

只要你有好想法, 随时都可以尝试表达出来。

如果你做出了自己挺满意的作品, 就请大家一起来看看吧。

可以叫家人朋友来直接看, 也可以在 Scratch 的网站上分享,

试试和朋友们合作完成作品吧!

我在写这本书的过程中学到了不少东西。

大家也来创作各种各样的作品,

并在创作的过程中多多学习吧!

2019 年 7 月

仓本大资

我（仓本大资）是从 2008 年夏天开始举办面向孩子的编程培训活动的。这些年来这项活动得到了很多人的支持，我本人也非常享受这份事业。本书即由此诞生。

★ 中山晴奈、山下纯子：2008 年我们在日本川口市的 Media Seven 发起的编程兴趣小组"Scratch"可以说是今天这本书的起点。

★ OtOMO 的各位：正是由于各方的大力支持我们的工作才得以开展下来，希望今后也能更愉快地开展下去。

★ 参加讲座或各种活动时认识的各位 Scratcher：喵太郎也许就是你们的分身呢！来自你们和你们家长的热情正是我们工作的最大动力！

★ 在日本各地为 Scratch 教学提供场地的各位（砂金先生、细谷先生、若林先生、西本先生、宫岛先生、It is IT 的各位……多得写不下了）：与你们的各种合作让我们深受鼓舞。

★ 感谢在各种研讨会上一起工作的 CANVAS 的各位。

★ Maker Faire Tokyo 主办方 O'Reilly Japan 的田村英男先生、Make Media 的德尔达哈提先生：参展 Maker Faire 为孩子们提供了最棒的发表机会。

★ 开发并提供 Scratch 的麻省理工学院媒体实验室的米切尔·雷斯尼克教授及"终身幼儿园"研究组的各位：衷心感谢你们，期待在 Scratch@MIT 的研讨会上再次见面。

★ 为我创造走上编程之路的机会的父母，中学时代计算机兴趣小组的朋友们，还有在大学里引导我进行创造和表达的老师和前辈、同学们和后辈们，充分支持我开展的这些事业的公司领导，一直在身边支持我的家人：是你们成就了今天的我。

★ 衷心感谢为我们将雷斯尼克教授的文章翻译成日语版的酒匂宽先生。

还有更多的人士提供了帮助，在此一并表示最诚挚的谢意。

参考文献

- B.J.Allen Conn，Kim Rose. Powerful Ideas in the Classroom：Using Squeak to Enhance Math and Science Learning[M]. Glendale，AZ：Viewpoints Research Institute，2003.

- 阿部和广 . Scratch 少儿趣味编程 [M]. 陶旭，译 . 北京：人民邮电出版社，2014.

- 阿部和広，石原淳也，塩野禎隆，など . Raspberry Pi ではじめるどきどきプログラミング増補改訂第 2 版 [M]. 東京：日経 BP 社，2016.

- 橋爪香織，谷内正裕，阿部和広 . 5 才からはじめるすくすくプログラミング [M]. 東京：日経 BP 社，2014.

- 杉浦学，阿部和広 . Scratch ではじめよう！プログラミング入門 [M]. 東京：日経 BP 社，2014.

- Sylvia Libow Martinez，Gary S. Stager. Invent To Learn：Making, Tinkering, and Engineering in the Classroom[M]. Torrance，CA：Constructing Modern Knowledge Press，2013.

补充说明

- Scratch 1.4 版本现在仍可用。关于它的用法及如何创作与语文、数学、科学、社会、音乐、体育等相关的作品，请参考《Scratch 少儿趣味编程》。

- 关于使用 Scratch 2.0 创作发射游戏作品的方法，请参考《Scratch 趣味进阶》（暂定名，杉浦学著、阿部和广审校，人民邮电出版社即将引进出版）。不过这本是以中学生为读者对象的 Scratch 编程书，对于小学生来说难度偏大。

译后访谈
（阿部和广、仓本大资、田岛笃、陶旭）

译者按：

2014 年，我和犬子有幸参与了《Scratch 少儿趣味编程》[1]的译制工作，并在译书出版后主讲了相关讲座。这些活动使我们母子开始接触和了解 Scratch，并有机会帮助更多的朋友走入 Scratch 的世界，也得到了众多读者朋友的鼓励。2016 年上半年同系列第二本[2]在日本面市，我们母子俩再次合作翻译。初稿完成后，在中方编辑部高宇涵老师和日方编辑部田岛笃老师的协助下得以有幸再次到访日经 BP 社，与作者阿部老师和仓本老师畅谈。下面就将我与两位作者交流的主要内容整理出来，希望能为大小读者朋友带来些许帮助。

陶： 我们这个系列的第一本和第二本有着什么样的关联性呢？

阿部： 我们这两本虽然是同一系列，但内容设置上是相对独立且不重复的。只是其中的卡通主角都是"喵太郎"，整体风格也是统一的，所以如果读过其中一本，就会觉得另外一本比较亲切一些。

仓本： 虽然这本的内容稍稍难一点，但即使是零基础的读者，只读这本也完全不会有障碍。

＊＊＊

陶： 我想就这本书的读者对象请教一下两位老师。感觉这本书中的关键知识点比上本书稍难，例如书中提到的外角的概念好像在小学阶段还没有学习过，还有重力、加速度等似乎是中学物理课才会学习的知识点，关于这方面两位老师是怎么考虑的呢？我们的书，或者说 Scratch 适合哪个年龄阶段的人学习呢？

阿部： 我们这个系列的两本书基本的对象设定是所有小学三年级以上的人。也就是说，只要有小学三年级的知识水平，应该就可以很好地理解并消化书中的内容。关

---

① 阿部和广著，陶旭译，人民邮电出版社，2014年11月出版。本访谈中简称为"第一本"。——译者注
② 即本书上一版，本访谈中简称为"第二本"。——译者注

于您提到的一些知识点，我们希望通过书中一步一步的提示来引导读者探索问题，可以说这本书的整体思路是从建构主义（Constructivism）出发的。也就是说，引导读者通过制作实践来推演和探索。在这种方式下知识并不是由老师单向教授的，而是自己来探索、发现并理解的。所以我们书中的选材并不会拘泥于某个具体的知识点是否在学校学习过。例如书中探索加速度规律的过程和传统的学校物理教学中先教公式再用公式推演规律的方式有一些区别。我们这里是先观察，按照观察的结果来编程，如果编程结果看起来符合自然规律，那就说明方法是对的。这正像第一本书后面艾伦·凯博士的论文中提到的自己探索式的学习方式。

仓本：是的，关于内角和外角的导出，我们在书中选用了自己实际来走一走的非常简单直观的方法，应该有助于很好地理解相应的概念。

阿部：除了小学生以外，也有成人玩 Scratch，很典型的人群是一些六七十岁的老人，他们通过玩 Scratch 可以与孙辈的小朋友有更多的交流。我们这个系列的读者也有一部分成人，尤其是老人，所以如果开发出更适合他们的内容可能就更好了，比如日本老人喜欢的古文俳句等相关内容应该对于他们来说更有亲和力一些。另外也还有一些退休人员开办面向孩子们的编程培训班。

仓本：在日本有一些叫作"程序员道场"（CoderDojo）的地方，这里有成年人也有小学生，他们互相切磋，交流编程。

***

陶：我想根据图灵社区（iTuring.cn）征集的问题，就 Scratch 本身请教两位老师。首先 Scratch 可以用来制作安卓（Android）或苹果（Apple）的手机应用吗？Scratch 的最终理想状态是什么样的呢？ Scratch 与一些相关或相似的环境是什么样的关联呢？

阿部：Scratch 本身还不能用来制作手机应用，但有些公司开发了和 Scratch 非常相似的开发环境，其中有一些可以制作手机应用，如对应安卓系统的 App Inventor 等。

关于 Scratch，就像米切尔·雷斯尼克教授和大卫·西格尔先生在本书最后的论文及访谈中介绍的那样，我们希望它是一种新的表达方式。以前我们可以通过绘画、演奏音乐、写文章等各种方式来表达，现在我们还可以通过计算机、Scratch 来实现以前无法实现的表达方式，诸如制作动画或创作故事、制作游戏等。从创始人米切尔教授的角度讲，是希望可以为人类拓展新的表达方式。

仓本：Scratch 的社区是协作、共享这样的形式，这也是以前无法实现的。而通过现在这种形式，新的可能性得以扩展。在这个过程中，Scratch 作为共同的主题把大家联系起来，提供了可以让大家一起讨论的平台。

阿部：为了和计算机对话，必须要编程，从这个角度上讲我们有必要学习编程。但这种背景下催生出来的新的表达方式并不是由一个人来独自实现的，而是由大家共同完成并向前推进发展。在这个过程中，Scratch 不单纯是一种语言，而是一种环境，除了每个人计算机中的程序，还包括刚才讲到的社区、共享、协作以及爱好者的相互交流等，这些构成了 Scratch 的全貌。也就是说，Scratch 并不完全等于"排列和组合积木来编程"这件事。

＊＊＊

陶：我注意到日本软银的总裁孙正义先生在演讲中提到了 IoT（Internet of Things，物联网）的展望，这种环境下如果说所有东西都上网的话，是不是可以想象为什么东西都要编程呢？如果是这样的环境，那么 Scratch 这种编程形式是不是最适合在这种环境下为各种东西编制自己独有的程序呢？

仓本：如果是这样谁都可以编程的环境，比如主妇们也可以简单操作完成，那 Scratch 是很合适的。

阿部：是的，如果是那样的环境，虽然不敢说 Scratch 是最合适的，但可以说它也是可选项之一。我前几天刚在波士顿参加了 Scratch 的研讨会，在研讨会上介绍了今后将推出的 Scratch 3.0 版本的概念。3.0 与以往最大的不同在于，现在的 Scratch 只能在计算机上使用，但 3.0 将是可以兼容计算机、iPad、各种学习机、玩具等硬件的版本。所以新的版本会从基础标准层面适应各种硬件条件下的显示效果，这样一来，在各种设备上都能正常显示和操作。可以说它是一种通用的语言，不仅面向孩子们，即使是成人，只要你有兴趣，那在这种环境下就是平等的。而且，使用 Scratch 不用担心各国语言不同，不管你的母语是什么，不需要翻译就可以马上与各种设备交流起来，这正是 Scratch 的理想。为了这样的理想，仅靠 MIT（麻省理工学院）独自运营 Scratch 是不够的。MIT 现在正在与谷歌合作，并将以开源的形式运营 Scratch。也就是说，如果玩具厂商想要引入这种机制，就可以在平台的基础上再进行有针对性的开发。或者，一些机器人企业也可以与这个平台对接，刚才提到的与手机相关的应用也就能够实现了。虽然未来会是什么样我们也不知道，但我觉得这些可能性一定是有的。我想，对于物联网来说，在相应的设备上以类似 Scratch 这样的形式进行编程的场景在不远的将来就可以实现了。

＊＊＊

陶：关于 Scratch 培训方面，阿部老师是什么样的思路呢？

阿部：日本现在常见的 Scratch 培训有几种形式，一种是像仓本老师的机构那样以民间志愿者的形式进行教学，还有就是一些相关企业在做的培训，另外就是一些公办机构，例如学校等组织的教学。中国可能也和日本差不多，现在社会上出现了学习编程的热潮，一些人为了便于就业而学习编程，所以一些企业做培训的目标大多是这种职业能力培训，基本上也是学了以后可以增加就业机会的宣传思路。对于这样的方向是好还是不好，我们认为还是需要再探讨。编程本身可能是很有意思的事情，但如果这个变成了必须学习的任务，变成了必须完成的工作，可能原本的热情一下子就被浇上冷水了呢。

***

陶：那么，仓本老师，您能为我们介绍一下您的培训机构现在的状况吗？

仓本：我们的机构现在每个月会在同样的会场组织一次活动，主要以系列的第一本书为参考材料，每次活动有 10 位左右的小朋友参加，做指导的工作人员每次大概有 5～6 人。每次活动为 4 小时左右，很多孩子自己带计算机过来，会场也会准备一些计算机。现在活动主要是采取在日本称作"寺子屋"[①]的形式进行，也就是说，孩子们自己带来想要做的课题，我们针对孩子们感兴趣的问题进行启发。我们做的事情与通常意义上的指导稍有不同，有的时候只是提示孩子说"你的问题那个孩子会呢"，类似讨论交流的形式。我们通常不会直接指导，只是给一些建议或提示，起到引导孩子一起交流和探讨的作用。

阿部：所以说，这种活动的主角是孩子们，不是那种老师站在前面，指导大家编个程序的形式。如果是完全没有接触过编程的孩子，当然会给他们一些入门引导，除此之外通常每个孩子自己想要做的东西可能不一样，所以如果让大家都一起做一样的东西可能会很无聊。

仓本：如果有人想做同样的主题，我们就会引导他们去合作。使用的 Scratch 版本也根据每个孩子自己的喜好而不同，有的喜欢用在线的 2.0 版本，有的喜欢用和各种传感器结合得更好的 1.4 版本。我们的培训内容大多数是 Scratch，但如果有孩子提一些其他编程环境的问题，我们也很高兴提供帮助。这种线下活动通常是家长推荐给孩子的，但在 Scratch 社区里，孩子们只要感兴趣就能马上参与讨论。

***

陶：我注意到日本的 NHK 电视台在播放 Scratch 节目，风格与我们书上的教学风格很相似，虽然每集只有 10 分钟，但是内容充实有趣，能介绍一下相关情况吗？

阿部：谢谢，NHK 的 Scratch 节目也是我参与策划的。每集 10 分钟，第一季的 8

[①] 日本江户时代教町人子弟们学习读写、算术和简单的德育等的民间教育设施。——编者注

集已经播完了，现在正在准备第二季的内容。基本思路就是以我们现在这个系列的两本书为蓝本的。

***

陶：这个系列两本书的风格对于中国读者来说很新颖，和我们以往接触的编程书不太一样。我个人觉得最棒的就是带领大家出错，再找到错误、解决错误，只是讲解某个问题的正确的程序段，不会有这种试错式的程序调试过程。如果有机会，希望能更多地介绍给中国的读者。

阿部：传统的一步一步地明确完成任务并最终达到目标的方法对于一些孩子来说当然也是很适合的。这个系列书的这种方式对于日本的读者来说也是很新鲜的，尤其是程序调试的过程非常独特而有效。当然也希望能有更多的机会和大家共享、探讨。

***

陶：Scratch 和现在流行的 STEM[①] 教育有什么关联性吗？

阿部：我们提倡的是 STEAM 的理念，比 STEM 多一个 A，也就是艺术（Art）。所以 Scratch 的理念里有这样的说法：低门槛且有又高又大的空间。低门槛指的是什么样的知识背景的人都可轻松入门，而又高又大是指不仅可以完成很高水平的作品，而且可以实现的内容也非常丰富，范围很广。可以实现的范围包括科学、技术、工程、艺术、数学等，所以从这个角度讲，Scratch 和 STEAM 或 STEM 是紧密相通的。而且从现在全球的趋势来看，编程这件事已经不可能完全独立地存在了，就像现在非常流行的创客热潮，都是为了实现某种具体目的而编程的。其实，无论是艺术、数学，还是工程、技术等，都是包含在编程的过程中的，从这个意义上讲，是编程将这些整合成了 STEM 或 STEAM。不管是数学还是其他学科，都可以运用到 Scratch，可以说条条大路都有 Scratch。

Scratch 非常丰富，制作出的游戏可以与市面上销售的非常高水平的游戏相媲美，我们当然会为这样的作品点赞。另一方面，对于刚刚入门的只是让小猫动起来的初学作品来说，我也会用同样的热情点赞。这应该也可以说明 Scratch 的很好的包容性。

***

陶：我想了解一下现在日本学校教育中关于编程部分的情况。

---

① STEM取自科学（Science）、技术（Technology）、工程（Engineering）、数学（Mathematics）这四个词语的英文首字母，STEM教育就是科学、技术、工程和数学的教育。——译者注

阿部：日本现在公立学校的课程教学大纲都是按照日本文部科学省发布的《学习指导要领》[①] 来执行的。这个文件每十年修订一次，现在正处于 2020 年版修订的讨论阶段。虽然没有正式发布，但现在基本上已经确定要从小学开始设置编程课程。现在已经有些学校开始开展编程教育了，但绝大多数还没有开始这样的课程。实际上能授课的老师不足也是很大的障碍，少数资金比较雄厚的私立学校会专门采购相应设备和外聘授课老师，但大多数公立学校还做不到。虽然有些学校会开设兴趣班，但水平普遍较低，只停留在学习使用计算机的程度。

***

陶：那么日本的学生家长们有什么样的想法呢？中国的很多家长一方面担心孩子用计算机对眼睛不好，但另一方面也觉得编程是一种工作技能，心情比较复杂，日本是什么状况呢？

仓本：日本的家长也都有健康方面的担心，而且更多的是对互联网上各种信息的担心，还有就是家长对孩子在计算机上做的事情不甚了解，这也是一种无法掌控的不安。经常有家长找我谈类似的问题。所以我们现在的培训对象基本上是可以理顺其中关系的家长和孩子。

阿部：实际上现在日本很多家庭都不认为应该给小学生计算机，认为孩子应该更多出去活动或学习其他功课。从我们多年从事相关教育的经验来看，虽然现在很流行学习编程，但实际上真正参与进来的人还很少。一些经济条件不太好的家庭也不愿意在这方面投资，而且现在智能手机的发展也使一些人认为计算机可有可无。

近几年的变化对于今后编程发展的影响也确实令人担忧。当然，学习编程可以掌握一种技能，很多家长和孩子是为了积累一些就业资本而学习的。但是从另一个角度讲，如果今后所有的人都会一些编程了，那也许仅仅这些就没有那么大的竞争力了，不知不觉间专业程序员的门槛就变高了也是有可能的。当然我们现在的努力并不是为了提高这个门槛，只是想让大家享受到其中的乐趣。

***

陶：在这些年中，有没有发现一些非常优秀的孩子？如果有这样的孩子，该怎么引导？

仓本：这样的孩子我们是任其发挥的，尽量不去干预。

阿部：如果出现了这样的孩子，我认为非常重要的是要尽量给这样的孩子提供自由成长的空间，如果能在他感兴趣的领域找到比较专业的人士，那么可以请那些人来给一些提示和引导。

---

① 日本文部科学省（主管教育的部门）公布的教育课程基准，规定了各类学校各种学科的教学内容。——编者注

***

陶：我这次来之前，中方出版社征集了很多问题，尤其是一些实际教学中的细节问题，比如说男孩和女孩的兴趣调动等问题，可能需要之后有机会再详细讨论。

阿部：好的，当然在社区讨论是最方便的，也可以邮件联系我们。非常希望有机会到中国和大家一起交流。

仓本：好的，关于男孩和女孩的问题，有一点可以供参考，就是据我接触的女孩的家长反映，这个系列里的第二本好像比第一本更受女孩喜欢。其他一些问题可能我不能回答得很全面，但我非常愿意和大家多交流，也非常欢迎大家到我们机构来观摩交流。

阿部和广：abee@si.aoyama.ac.jp

仓本大资：qramo_to@mac.com

陶　　旭：toukyoku@163.com

访谈说明：

　　感谢图灵社区进行的访谈问题有奖征集（https://www.ituring.com.cn/article/262912），七位提问者从各自的角度提出了他们关心的问题，这次访谈的提问可以说是整理了这些问题而最终成形的，特别是"穿鞋子的猫"和"textpattern"二位提问者的问题让我本人非常有共鸣，另外培训机构任雷老师也发来了很多非常有针对性的问题，在此一并表示衷心感谢。作为译者，这个过程让我本人和孩子受益匪浅，更希望今后能为大家的有效沟通奉献微薄的一己之力。

陶旭

版 权 声 明